国家职业教育工程造价专业
教学资源库配套教材

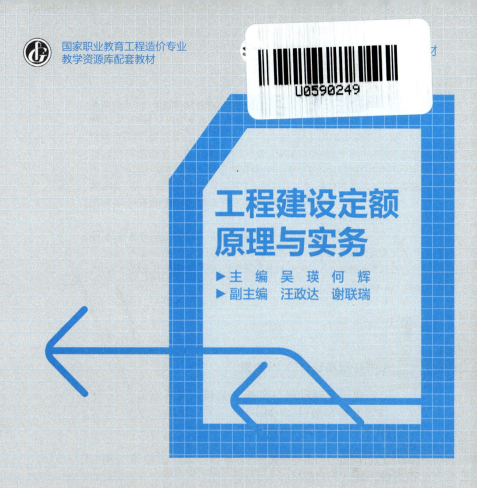

工程建设定额
原理与实务

▶主 编 吴瑛 何辉
▶副主编 汪政达 谢联瑞

中国教育出版传媒集团
高等教育出版社·北京

内容提要

　　本书是国家职业教育工程造价专业教学资源库配套教材。书中全面系统地介绍了工程建设定额的基本原理和编制方法,主要内容包括:人工、材料、机械台班消耗定额,工程价格的确定,企业定额,预算定额,概算定额和概算指标等。本书依托于国家职业教育工程造价专业教学资源库平台,根据全国和地方最新消耗量定额,结合最新规范和计价方法编写而成。本书配套了丰富的数字资源,学习者可登录工程造价专业教学资源库平台或扫描书中二维码进行学习,数字资源中含有可供参考的技术经济资料,具有较强的实用性和可操作性。

　　本书可作为高职院校工程管理、工程造价及其他相关专业的教材,也可作为工程造价编审人员及自学者的参考书。

　　授课教师如需要本书配套的教学课件资源,可发送邮件至邮箱 gztj@pub.hep.cn 获取。

图书在版编目(CIP)数据

　　工程建设定额原理与实务 / 吴瑛,何辉主编. -- 北京 : 高等教育出版社,2024.1
　　ISBN 978-7-04-060013-1

　　Ⅰ. ①工… Ⅱ. ①吴… ②何… Ⅲ. ①建筑工程-工程造价 Ⅳ. ①TU723.3

　　中国国家版本馆 CIP 数据核字(2023)第 037031 号

工程建设定额原理与实务
GONGCHENG JIANSHE DINGE YUANLI YU SHIWU

| 策划编辑　温鹏飞 | 责任编辑　温鹏飞 | 特约编辑　郭克学 | 封面设计　马天驰 |
| 版式设计　徐艳妮 | 责任绘图　杨伟露 | 责任校对　高　歌 | 责任印制　高　峰 |

出版发行	高等教育出版社		网　　址	http://www.hep.edu.cn
社　　址	北京市西城区德外大街 4 号			http://www.hep.com.cn
邮政编码	100120		网上订购	http://www.hepmall.com.cn
印　　刷	北京汇林印务有限公司			http://www.hepmall.com
开　　本	850mm×1168mm　1/16			http://www.hepmall.cn
印　　张	7			
字　　数	160 千字		版　　次	2024 年 1 月第 1 版
购书热线	010-58581118		印　　次	2024 年 1 月第 1 次印刷
咨询电话	400-810-0598		定　　价	19.80 元

"智慧职教"服务指南

"智慧职教"(www.icve.com.cn)是由高等教育出版社建设和运营的职业教育数字教学资源共建共享平台和在线课程教学服务平台,与教材配套课程相关的部分包括资源库平台、职教云平台和 App 等。用户通过平台注册,登录即可使用该平台。

● 资源库平台:为学习者提供本教材配套课程及资源的浏览服务。

登录"智慧职教"平台,在首页搜索框中搜索"工程建设定额原理与实务",找到对应作者主持的课程,加入课程参加学习,即可浏览课程资源。

● 职教云平台:帮助任课教师对本教材配套课程进行引用、修改,再发布为个性化课程(SPOC)。

1. 登录职教云平台,在首页单击"新增课程"按钮,根据提示设置要构建的个性化课程的基本信息。

2. 进入课程编辑页面设置教学班级后,在"教学管理"的"教学设计"中"导入"教材配套课程,可根据教学需要进行修改,再发布为个性化课程。

● App:帮助任课教师和学生基于新构建的个性化课程开展线上线下混合式、智能化教与学。

1. 在应用市场搜索"智慧职教 icve"App,下载安装。

2. 登录 App,任课教师指导学生加入个性化课程,并利用 App 提供的各类功能,开展课前、课中、课后的教学互动,构建智慧课堂。

"智慧职教"使用帮助及常见问题解答请访问 help.icve.com.cn。

序

　　职业教育工程造价专业教学资源库项目于 2016 年 12 月获教育部正式立项（教职成函〔2016〕17 号），项目编号 2016-16，属于土木建筑大类建设工程管理类。依据《关于做好职业教育专业教学资源库 2017 年度相关工作的通知》，浙江建设职业技术学院和四川建筑职业技术学院，联合国内 21 家高职院校和 10 家企业单位，在中国建设工程造价管理协会、中国建筑学会建筑经济分会项目管理类专业教学指导委员会的指导下，完成了资源库建设工作，并于 2019 年 11 月正式通过了验收。验收后，根据要求做到了资源的实时更新和完善。

　　资源库基于"能学、辅教、助训、促服"的功能定位，针对教师、学生、企业员工、社会学习者 4 类主要用户设置学习入口，遵循易查、易学、易用、易操、易组原则，打造了门户网站。资源库建设中，坚持标准引领，构建了课程、微课、素材、评测、创业 5 大资源中心；破解实践教学痛点，开发了建筑工程互动攻关实训系统、工程造价综合实务训练系统、建筑模型深度开发系统、工程造价技能竞赛系统 4 大实训系统；校企深度合作，打造了特色定额库、特色指标库、可拆卸建筑模型教学库、工程造价实训库 4 大特色库；引领专业发展，提供了专业发展联盟、专业学习园地、专业大讲堂、开讲吧课程 4 大学习载体。工程造价资源库构建了全方位、数字化、模块化、个性化、动态化的专业教学资源生态组织体系。

　　本套教材是基于"国家职业教育工程造价专业教学资源库"开发编撰的系列教材，是在资源库课程和项目开发成果的基础上，融入现代信息技术、助力新型混合教学方式，实现了线上、线下两种教育形式，课上、课下两种教育时空，自学、导学两种教学模式，具有以下鲜明特色：

　　第一，体现了工学交替的课程体系。新教材紧紧抓住专业教学改革和教学实施这一主线，围绕培养模式、专业课程、课堂教学内容等，充分体现专业最具代表性的教学成果、最合适的教学手段、最职业性的教学环境，充分助力工学交替的课程体系。

　　第二，结构化的教材内容。根据工程造价行业发展对人才培养的需求、课堂教学需求、学生自主学习需求、中高职衔接需求及造价行业在职培训需求等，按照结构化的单元设计，典型工作的任务驱动，从能力培养目标出发，进行教材内容编写，符合学习者的认知规律和学习实践规律，体现了任务驱动、理实结合的情境化学习内涵，实现了职业能力培养的递进衔接。

　　第三，创新教材形式。有效整合教材内容与教学资源，实现纸质教材与数字资源的互通。通过嵌入资源标识和二维码，链接视频、微课、作业、试卷等资源，方便学习者随扫随学相关微课、动画，即可分享到专业（真实或虚拟）场景、任务的操作演示、案例的示范解析，增强学习的趣味性和学习效果，弥补传统课堂形式对授课时间和教学环境的制约，并辅以要点提示、笔记栏等，具有新颖、实用的特点。

国家职业教育工程造价专业教学资源库项目组

2023 年 3 月

前　言

党的二十大报告提出,加快建设国家战略人才力量,努力培养造就更多大师、战略科学家、一流科技领军人才和创新团队、青年科技人才、卓越工程师、大国工匠、高技能人才。本书在内容方面注重融入党的二十大精神,使思政元素与课程内容有机融合,将爱国情怀、工匠精神、创新精神融入学习任务中,注重培育德技并修的新时代复合型技术技能人才。

工程建设定额原理与实务是工程造价、建筑经济信息化管理、工程管理等专业的核心课程。基于工程计价实际需要,课程从制定消耗量标准入手,主要研究建筑安装产品的生产成果与生产消耗的数量关系,合理确定建筑安装产品生产的单位消耗数量标准。本课程是一门技术性、综合性、专业性和政策性都很强的课程。通过本课程的学习,重点培养学生消耗量标准的测编能力,为正确进行工程计价打下基础。

本书是国家职业教育工程造价专业教学资源库配套教材。本书依据教育部发布的高等职业学校工程造价专业教学标准,按照住建部颁发的《房屋建筑与装饰工程消耗量定额》(TY 01—31—2015)、《建筑安装工程工期定额》(TY 01—89—2016)、《建设工程劳动定额》(LD/T 72.1~11—2008)、《建设工程工程量清单计价规范》(GB 50500—2013)以及部分地区房屋建筑与装饰工程预算定额编写。

本书共分九个模块,第一、二、三模块由浙江建设职业技术学院何辉、朱琳、谢联瑞编写,第三、四、五模块由浙江建设职业技术学院吴瑛、周圆、刘亚梅编写,第六、七、八模块由浙江建设职业技术学院朱琳、谢联瑞、朱光维、汪政达和杭州新颐建筑咨询有限公司张贺锋编写,第九模块由张英编写。全书由吴瑛、何辉担任主编并统稿,汪政达、谢联瑞担任副主编。

本书编写过程中得到了杭州信达投资咨询估价监理有限公司孔宏伟、浙江立兴造价师事务所有限公司郑怀东的大力支持和帮助,在此表示衷心感谢。

由于编者水平有限,不妥之处在所难免,恳请读者批评指正。

编　者
2023 年 3 月

目　录

学习目标

1. 了解工程建设定额的产生与发展。
2. 掌握工程建设定额的分类与特点。

素养目标

激发民族文化自信,树立职业服务意识。

知识点

定额基本概念、定额水平、我国定额发展历程、泰勒制、定额分类。

子目一 定　　额

驱动任务

寻找身边的例子,编一个"定额"。

思考讨论

制定定额时需要考虑哪些因素?

1. 定额的一般概念

从字面上看,"定"就是规定,"额"就是数量,"定额"即规定在生产中各种社会必要劳动消耗量的标准尺度。这里的消耗量不仅是指活劳动,也包括物化劳动。

生产任何一种合格产品都必须消耗一定数量的人工、材料、机械台班,且生产同一产品所消耗的劳动量常随着生产因素和生产条件的变化而有所不同。

一般来说,在生产同一产品时,所消耗的劳动量越大,则产品的成本越高,企业盈利越少,对社会的贡献越小;反之,所消耗的劳动量越小,则产品的成本越低,企业盈利越多,对社会的贡献越大。但是所消耗的劳动量不可能无限地减少或增加,它在一定的生产因素和生产条件下,在相同的质量与安全要求下,必有一个合理的数额作为衡量标准,同时这种数额标准还受到不同社会制度的制约。

因此,定额的定义可以表述为:在一定的社会制度、生产技术和组织条件下规定完成单位合格产品所需人工、材料、机械台班的消耗标准。它反映着一定时期的生产力水平。

2. 定额的数学表达

在数值上,定额表现为生产成果与生产消耗之间一系列对应的比值常数,用公式表示为

$$T_z = \frac{Z_{1,2,3,\cdots,n}}{H_{o1,2,3,\cdots,m}}$$

式中　　T_z——产量定额;

　　　　H_o——单位劳动消耗量;

　　　　Z——与单位劳动消耗相对应的产量。

或

$$T_h = \frac{H_{1,2,3,\cdots,n}}{Z_{o1,2,3,\cdots,m}}$$

式中　　T_h——时间定额;

　　　　Z_o——单位产品数量;

　　　　H——与单位产品相对应的劳动消耗量。

产量定额与时间定额是定额的两种表现形式,从定额的数学表达中不难看出,它们在数值上互为倒数,即:$T_z = \frac{1}{T_h}$　　或　　$T_h = \frac{1}{T_z}$,$T_z \times T_h = 1$。

上式表明:生产单位产品所需的消耗越少,则单位消耗获得的生产成果越大;反之亦然。它反映了经济效果的提高或降低。

子目二 定 额 水 平

驱动任务

根据上一个知识点中找到的"定额"例子,说明它的"定额"水平。

思考讨论

定额水平主要从哪几方面考虑?

1. 定额水平的概念

定额水平是指完成单位合格产品所需的人工、材料、机械台班消耗标准的高低程

度,是在一定施工组织条件和生产技术下规定的施工生产中活劳动和物化劳动的消耗水平。简而言之,定额水平就是定额中数量标准的高低。

以劳动定额为例,如社团需要完成某项任务,若完成同一项任务时,甲小组按时按质完成任务需要 4 位同学,而乙小组只需要 3 位同学,如图 1-1 所示,那么按甲小组的完成效率所编制的劳动定额水平就低于按乙小组的完成效率所编制的劳动定额水平。又如,在同样的时间内,A 同学削了 4 个苹果,B 同学削了 3 个苹果,如图 1-2 所示,那么按 A 同学的完成效率所编制的劳动定额水平就高于按 B 同学的完成效率所编制的劳动定额水平。

甲小组　　　　　　乙小组　　　　A同学　　　　B同学

图 1-1　完成社团任务　　　　　图 1-2　削苹果

2. 定额水平的影响因素

定额水平的高低反映了一定时期社会生产力水平的高低,与操作人员的技术水平,机械化程度,新材料、新工艺、新技术的发展与应用有关,与企业的管理水平和社会成员的劳动积极性有关。

所以,定额不是一成不变的,而是随着生产力水平的变化而变化的。确定定额水平是编制定额的核心。定额水平与单位产量成正比,与资源消耗量成反比;定额水平高反映为单位产品的造价低,定额水平低反映为单位产品的造价高。

产品的价值量取决于消耗在产品中的必要劳动消耗量,定额作为单位产品经济的基础,必须反映价值规律的客观要求。它的水平是根据社会必要劳动时间来确定的。

所谓社会必要劳动时间,是指在现有的社会正常生产条件下,在社会的平均劳动熟练程度和劳动强度下,完成单位产品所需的劳动量。社会正常生产条件是指大多数施工企业所能达到的生产条件。

子目三　定额起源

驱动任务

查找我国古代及现代建设定额的相关典籍。

思考讨论

我国定额是从什么时候产生并发展起来的?

1. 我国古代定额发展历程

我国定额的发展历程可以追溯到春秋战国时期,当时的《考工记》一书中强调"算计",并以修筑沟防为例,明确工人每天的工作量,以完成一定数量的任务来计算整个工程需要的人工和材料,这是关于记录人材机消耗的最早文献。

至唐朝,在《大唐六典》中细化了工值的计算。它按四季日照的长短,把劳动力分为中工(春秋)、长工(夏)、短工(冬)。工值以中工为准,长工、短工各增减10%。每一工种按照等级、大小和质量要求,以及运输距离远近计算工值。

北宋熙宁年间,土木建筑家李诫编制的《营造法式》是我国古代最完整的建筑技术书籍,也是北宋官方颁布的一部关于建筑设计、施工的规范用书。它在总结大量技术经验的基础上,论述了"工限""料例",为我国的定额研究奠定了初步的理论基础。

清朝时期,对建筑工程的管理内、外分工,并各司其职,工部营缮司掌管外工,内务府营造司承办内工,内务府又设有"样房""算房",分别对工程的设计和费用控制负责。这标志着"定额"管理有了专职的负责部门。清朝编撰公布的《工程做法则例》中,也有许多内容是说明工料计算方法的,可以说它是主要的一部算工算料的著作。

2. 我国现代定额发展历程

新中国成立以来,我国工程建设定额经历了开始建立、发展、削弱到整顿、改革、完善的曲折发展过程。

1951年制定了东北地区统一劳动定额。1952年前后,华东、华北等地也相继编制了劳动定额或工料消耗定额。1955年,劳动部和建筑工程部联合编制了《全国统一建筑安装工程劳动定额》,这是我国建筑业第一次编制的全国统一劳动定额。随后的1962年和1966年,建筑工程部先后两次修订并颁发了《全国建筑安装统一劳动定额》。而后,各省、自治区、直辖市又在此基础上先后修订了本地区预算定额。然而,"文化大革命"期间我国定额发展一直处于停滞状态。

进入改革开放和社会主义现代化建设新时期后,我国国民经济进入了大发展的时期,与此同时,在工程建设中,我国工程造价管理工作也进入了改革和发展的新阶段。中共中央、国务院为了实行改革的需要,在充分调研和探索的基础上,于1978年4月22日批转了国家计委、国家建委、财政部《关于加强基本建设管理的几项规定》和《关于加强基本建设程序的若干规定》,同年10月,国家建筑工程总局修订颁发了《建筑安装工程统一劳动定额》。1981年,国家建委颁发了《建筑工程预算定额》(修改稿)。1986年,国家计委颁发了《全国统一安装工程预算定额》。1988年,建设部颁发了《仿古建筑及园林工程预算定额》。1992年,建设部颁发了《建筑装饰工程预算定额》,之后又逐步颁发了《全国统一市政工程预算定额》和《全国统一安装工程预算定额》,以及《全国统一建筑装饰装修工程消耗量定额》(GYD—901—2002)。各省、市、自治区也在此基础上编制了新的地区建筑工程预算定额。

为了更好地与国际接轨,建设部在2003年颁发了《建设工程工程量清单计价规范》(GB 50500—2003);2009年,住房和城乡建设部、人力资源和社会保障部联合颁发了《建设工程劳动定额》(LD/T 72.1~11—2008);2013年,住房和城乡建设部颁发了《建设工程工程量清单计价规范》(GB 50500—2013);2015年,住房和城乡建设部又颁发了《房屋建筑与装饰工程消耗量定额》,使我国的工程建设定额体系更加完善。

为了提高建设工程定额的科学性,规范定额的编制和日常管理,住房和城乡建设部在2015年根据有关法律法规制定了《建设工程定额管理办法》(建标〔2015〕230号)。该管理办法指出,定额是指在正常施工条件下完成规定计量单位的合格建筑安装工程所消耗的人工、材料、施工机具台班、工期天数及相关费率等的数量基准,是国有资金投资工程编制投资估算、设计概算和最高投标限价的依据。该管理办法对定额的体系与计划、制定与修订、发布与日常管理都做了明确规定。

子目四 泰 勒 制

驱动任务

查找泰勒的生平资料。

思考讨论

泰勒制的核心是什么?

1. 泰勒制的产生背景

18 世纪末至 19 世纪初,在技术水平最高、生产力最发达、资本主义发展最快的美国,形成了统一的管理理念。定额的产生就是与科学管理的形成和发展紧密地联系在一起的。泰勒制产生于 19 世纪末,是当时历史条件下的产物,而定额和企业管理成为科学应该说是从泰勒开始的,因而,泰勒在西方得到了"管理之父"的尊称。

"科学管理"理论也并非泰勒一人的发明,而是他将 19 世纪在英、美等国产生和发展起来的管理理论加以综合而成的一整套思想,其代表人物有美国人泰勒和吉尔布雷斯等。

2. 泰勒制的核心思想

19 世纪初的美国,资本主义已处于上升时期,工业发展得很快,其设备虽然很先进,但由于采用传统的管理方法,公认劳动强度大,生产效率低,生产能力得不到充分发挥,这不但严重阻碍了社会经济的进一步发展和繁荣,而且不利于资本家赚取更多的利润。

在这种背景下,泰勒开始了对企业管理的研究。他进行了多种试验,努力地把当时科学技术的最新成果应用于企业管理,其目标是提高劳动生产率和工人的劳动效率。他通过科学试验,对工作时间、操作方法和工作时间的组成部分等进行细致的研究,制定出最节约工作时间的标准操作方法。同时,在此基础上,要求工人取消那些不必要的操作程序,制定出水平较高的工时定额,用工时定额来评价工人工作的好坏。如果工人能完成或超额完成工时定额,就能得到远高于基础工资的工资报酬;如果工人达不到工时定额的标准,就只能拿到较低的工资报酬。这样,工人势必要努力按标准程序去工作,争取完成或超额完成工时定额,从而取得更多的工资报酬。在制定出较先进的工时定额的同时,泰勒还对工具设备、材料和作业环境进行了研究,并努力使其达到标准化。

泰勒制的核心思想可归纳为以下两个方面:
① 施行标准的操作方法,制定出科学的工时定额。
② 完善严格的管理制度,施行有差别的计件工资。

泰勒制的产生和推行,在提高生产力方面取得了显著的效果,给资本主义企业管理带来了根本性的变革,同时也为当时的资本主义企业带来了巨额利润。

继泰勒制以后,资本主义企业管理又有了新的发展。一方面,管理科学在操作方法、作业水平的科学组织的研究上有了新的扩展;另一方面,以现有自然科学和材料科学的新成果作为科学技术手段进行科学管理。20世纪20年代出现了行为科学,从社会学和心理学的角度,对工人在生产中的行为以及这些行为产生的原因进行研究,强调重视社会环境、人际关系对人的行为影响,着重研究人的本性和需要、行为和动机。行为科学采用诱导的方法,鼓励工人发挥主观能动性和创造性,来达到提高生产效率的目的。它较好地弥补了泰勒等人开创的科学管理的某些不足之处,进一步地丰富和完善了科学管理。20世纪70年代出现的系统管理理论,把管理科学与行为科学有机地结合起来,从事物整体出发,系统地对劳动者、材料、机器设备、环境、人际关系等对工时产生影响的重要因素进行定量和定性相结合的分析与研究,从而选定符合本企业实际的最优方案,以产生最佳效果,取得最好的经济效益。所以,定额伴随管理科学的产生而产生,伴随管理科学的发展而发展。定额是企业管理科学化的产物,也是科学管理企业的基础和必要条件。

子目五　定额分类

驱动任务

找到一本定额,思考它属于哪些类别。

思考讨论

可以按照哪些原则和方法对定额进行分类?

工程建设定额是一个综合概念,它是多种类、多层次单位产品生产消耗数量标准的总和。为了能对工程建设定额有一个全面的了解,可以按照不同的原则和方法对其进行科学分类。

1. 按照定额构成的生产要素分类

生产要素包括劳动者、劳动手段和劳动对象,因此反映其消耗的定额就分为人工消耗定额、材料消耗定额和机械台班消耗定额,如图1-3所示。

图1-3　按照定额构成的生产要素分类

2. 按照定额的编制程序和用途分类

按照定额的编制程序和用途,工程建设定额可分为施工定额、预算定额、概算定额、概算指标和投资估算指标,如图 1-4 所示。

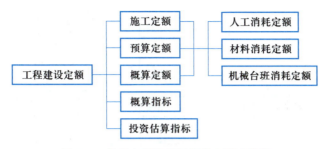

图 1-4 按照定额的编制程序和用途分类

（1）施工定额

它是以同一性质的施工过程（工序）为编制对象,规定某种建筑产品的劳动消耗量、材料消耗量和机械台班消耗量。施工定额是施工企业内部组织生产和加强管理的一种定额,属于企业生产定额。它是建设工程定额中分项最细、定额子目最多的一种定额,也是最基础的定额,是编制预算定额的基础。例如,钢筋制作由平直钢筋、钢筋除锈、切断钢筋、弯曲钢筋等几个工序组成,以这些工序为研究对象编制的定额即为施工定额。

（2）预算定额

它是以分项工程或结构构件为编制对象,规定某种建筑产品的劳动消耗量、材料消耗量和机械台班消耗量,一般列有相应地区的单价,是计价性定额。预算定额是编制概算定额、概算指标或投资估算指标的基础。例如,以现浇构件圆钢筋 HPB300（直径 10 mm 以内）的制作安装为研究对象编制的定额。

（3）概算定额

它是以扩大分项工程或扩大结构构件为编制对象,规定某种建筑产品的劳动消耗量、材料消耗量和机械台班消耗量,并列有工程费用,也属于计价性定额,适用于扩大初步设计阶段。概算定额是对预算定额的扩大和合并,是控制投资的重要依据。例如,以柱、梁的钢筋混凝土工程为研究对象编制的定额。

（4）概算指标

它是以整个房屋或构筑物为编制对象,规定每 100 m² 建筑面积（或每座构筑物体积）所需要的人工、材料、机械台班消耗量的标准,适用于初步设计阶段。概算指标比概算定额更进一步综合扩大,更具有综合性。例如,某种建筑类型、某种结构形式、某种建筑标准等建筑物的每 100 m² 建筑面积所需要的人工、材料、机械台班消耗量的标准。

（5）投资估算指标

它是以单位工程、单项工程或整个建设项目为计算对象编制的定额,适用于编制项目建议书、可行性研究和编制设计任务书阶段。投资估算指标为项目决策和投资控制提供依据。

3. 按照编制单位和执行范围分类

按照编制单位和执行范围,工程建设定额可分为全国统一定额、行业统一定额、地区统一定额、企业定额和补充定额,如图 1-5 所示。

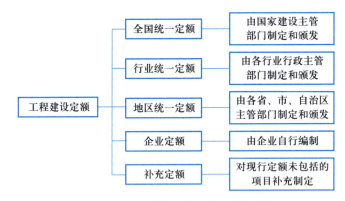

图 1-5   按照编制单位和执行范围分类

(1)全国统一定额

它是由国家建设主管部门综合我国工程建设中技术和施工组织技术条件的情况编制的,在全国范围内执行的定额。例如,全国统一的劳动定额、全国统一的市政工程定额等。

(2)行业统一定额

它是由各行业行政主管部门充分考虑本行业的专业技术特点、施工生产和管理水平编制的,只在本行业和相同专业性质的范围内使用的定额。这种定额往往是为专业性较强的工业建筑安装工程制定的。例如,铁路工程预算定额、水利建筑工程定额等。

(3)地区统一定额

它是由各省、市、自治区主管部门在考虑地区特点和统一定额水平的条件下编制的,只在规定地区范围内使用的定额。例如,《浙江省房屋建筑与装饰工程预算定额》等。

(4)企业定额

它是由企业根据本企业的具体情况,参照国家、行业和地区定额编制方法制定的,只在本企业内使用的定额。企业定额水平往往高于现行国家定额,以满足市场竞争的需要。例如,中国十七冶集团有限公司编制的《建筑安装工程企业劳动定额》等。

(5)补充定额

它是随着设计、施工技术的发展,在现行定额不能满足需要的情况下,为补充现行定额中的漏项或缺项而制定的。

4. 按照专业分类

按照专业,工程建设定额可分为建筑工程定额、安装工程定额、仿古建筑及园林工程定额、装饰工程定额、公路工程定额、铁路工程定额、井巷工程定额、水利工程定额等,如图 1-6 所示。

5. 按照投资费用分类

按照投资费用,工程建设定额可分为直接工程费定额、措施费定额、间接费定额、利润和税金定额、设备及工器具定额、工程建设其他费用定额等,如图 1-7 所示。

图 1-6 按照专业分类   图 1-7 按照投资费用分类

复习思考题

1. 什么是定额？什么是工程建设定额？

2. 定额在经济生活中的地位是怎样的？

3. 什么是定额水平？定额水平高低意味着什么？

4. 定额水平的高低与哪些因素有关？

5. 我国定额的发展有哪些阶段？各阶段分别有哪些特点？

6. 简述泰勒制的产生与发展。

7. 泰勒制的核心是什么？

8. 按照定额构成的生产要素分类,定额可分为哪几种？

9. 按照编制程序和用途分类,定额可分为哪几种？

10. 定额中最基础性定额是什么？哪些定额属于计价性定额？计价性定额中最基础的定额是什么？

11. 按照编制单位和执行范围不同,定额可分为哪几种？

12. 按照投资费用不同,定额可分为哪几种？

模块二

施工过程研究

学习目标

1. 学会对拟测定施工过程进行分解。
2. 学会合理选择测时方法。
3. 学会使用计时观察法进行工时的测定。
4. 能熟练进行工时测定数据整理。

素养目标

培养科学的研究方法和实事求是的工作态度。

知识点

施工过程研究与影响因素、工作时间研究、计时观察法

子目一   施 工 过 程

驱动任务

寻找身边的任何一个行为,划分这个行为的各个组成部分。

思考讨论

什么是施工过程?施工过程应如何划分?

1. 施工过程的含义

施工过程是指在建筑工地范围内所进行的生产过程。其最终目的是建造、恢复、

微课
施工过程及其分类

改建、移动或拆除工业、民用建筑物或构筑物的全部或一部分。

建筑安装施工过程由劳动者、劳动对象和劳动工具三大要素组成。所以,施工过程完成必须具备以下三个条件:

① 施工过程是由不同工种、不同技术等级的建筑安装工人完成的。

② 必须有一定的劳动对象——建筑材料、半成品、成品、构配件等。

③ 必须有一定的劳动工具——手动工具、小型机具和机械等。

2. 施工过程的分类

研究施工过程,首先要对施工过程进行分类,目的是通过对施工过程的组成部分进行分解,并按不同的完成方法、劳动分工、组织复杂程度来区别和认识施工过程的性质和包含的全部内容。

(1)按照机械化程度分类

其分类如图 2-1 所示。

(2)按照劳动分工的特点分类

其分类如图 2-2 所示。

图 2-1 按照机械化程度分类   图 2-2 按照劳动分工的特点分类

(3)按照是否循环分类

其分类如图 2-3 所示。

(4)按照组织的复杂程度分类

其分类如图 2-4 所示。

① 工序。工序是指组织上不可分割的,在操作过程中技术上属于同类的施工过程。其主要特征为:工人班组、工作地点、施工工具和材料均不发生变化。如果上述因素中有一个因素发生变化,就意味着从一个工序转入另一个工序。从施工的技术操作和组织观点来看,工序是工艺方面最简单的施工过程。但是,如果从劳动过程的观点来看,工序又可以分解为操作和动作。施工操作是一个施工动作接一个施工动作的结合;施工动作是施工工序中可以测算的最小部分。

图 2-3 按照是否循环分类   图 2-4 按照组织的复杂程度分类

例如,钢筋工程的施工过程可分为钢筋调直、钢筋切断、钢筋弯曲、钢筋绑扎等工序,其中钢筋切断这个"工序"可以分解为图 2-5 所示的"操作"。

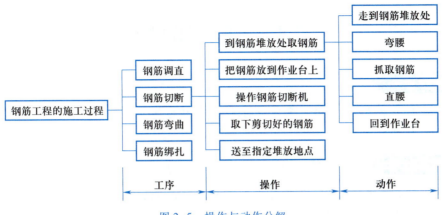

图 2-5 操作与动作分解

工序可以由一个人完成,也可以由班组或施工队的几名工人协作完成;可以手动完成,也可以利用机械完成。在使用计时观察法来制定劳动定额时,工序是主要的研究对象。

② 工作过程。工作过程是由同一工人或同一工人班组所完成的在技术操作上相互有机联系的工序的总合。其特点是人员不变、工作地点不变,而材料和工具可以变换。例如,砌墙工作过程由调制砂浆、运输砂浆、运砖、砌墙等工序组成。

③ 综合工作过程。综合工作过程是若干个在工艺和操作上直接相关,最终为共同完成同一产品而同时进行的工作过程的总合。例如,混凝土结构构件的综合工作过程由浇捣工程、钢筋工程、混凝土工程等工作过程组成。

3. 影响施工过程的主要因素

施工过程中各个工序工时的消耗数值,即使在同一工地、同一工作环境条件下,也常常会由于施工组织、劳动组织、施工方法和工人劳动素质、情绪、技术水平的不同而有很大的差别。对单位建筑产品工时消耗产生影响的各种因素,称为施工过程的影响因素。

根据施工过程影响因素的产生和特点,可将其分为技术因素、组织因素和自然因素。

① 技术因素,包括以下几类:

a. 产品的类别和质量要求。

b. 所用材料、半成品、构配件的类别、规格、性能。

c. 所用工具和机械设备的类别、型号、性能及完好情况。

② 组织因素,包括以下几类:

a. 施工组织与施工方法。

b. 劳动组织和分工。

c. 工人技术水平、操作方法和劳动态度。

d. 工资分配形式。

e. 原材料和构配件的质量与供应组织。

③ 自然因素,包括气候条件、地质情况等。

子目二　工人工作时间

驱动任务

在子目一中寻找到的行为所花费的时间中,哪些是必须消耗的时间? 哪些是不必要消耗的时间?

思考讨论

只有形成工程实体的工作时间才是应该计入定额的必须消耗的劳动时间吗? 工人休息的时间是必须消耗的劳动时间吗?

微课
工作时间研究的概念

党的二十大对实施科教兴国战略提出了坚持"三个第一"、实现"三个战略"的重要论断。实践这一科学论断,对于工程建设领域的现场施工作业来说,就是科技与人才应如何提高和创新的课题,就是要不断加强以知识、技术、人才为支撑的工程施工组织设计、计量计价基础数据编制。作为工程建设定额三要素之一的人工消耗量测定,首先就要有尊重劳动、热爱劳动的基本立场和态度,其次是以科学的方法分析施工生产和现场生产工人的劳动时间,以实现人工消耗量定额制订的科学性、客观性。

1. 工作时间的研究意义

工作时间研究就是将劳动者在整个生产过程中所消耗的工作时间,根据性质、范围和具体情况,予以科学地划分、归纳,明确其是否应该在编制定额时进行计入,对于不应计入定额时间的,找出造成非定额时间的原因,以便采取技术和组织措施,消除产生非定额时间的因素,以充分利用工作时间,提高劳动效率。

所谓工作时间,是指工作班的延续时间。我国现行制度规定为 8 h 工作制,即日工作时间为 8 h。

研究施工过程中的工作时间及其特点,并对工作时间的消耗进行科学的分类,是制定劳动定额的基本内容之一。

2. 工人工作时间的分类

工人在工作班内从事施工过程中的时间消耗有些是必须的,有些则是损失掉的。按其消耗的性质可以分为两大类:必须消耗的时间(定额时间)和损失时间(非定额时间),如图 2-6 所示。

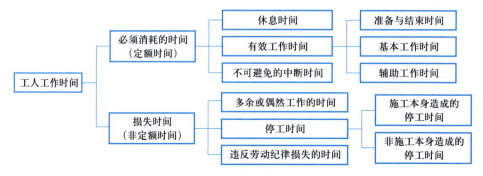

图 2-6　工人工作时间构成图

（1）必须消耗的时间（定额时间）

它是指工人在正常的施工条件下，完成某一建筑产品（或工作任务）必须消耗的工作时间，用 T 表示，由有效工作时间、休息时间和不可避免的中断时间三部分组成。

① 有效工作时间。它是指从生产效果来看，与产品生产直接有关的时间消耗，包括基本工作时间、辅助工作时间、准备与结束时间。

a. 基本工作时间。它是指工人直接完成一定产品的施工工艺过程所必须消耗的时间。通过基本工作，使劳动对象直接发生变化：可以使材料改变外形，如钢筋弯曲加工；可以改变材料的结构与性质，如混凝土制品可以使预制构件安装组合成型；可以改变产品外部及表面的性质，如粉刷、油漆等。基本工作时间的长短与工作量的大小成正比。

b. 辅助工作时间。它是指与施工过程的技术操作没有直接关系的工序，为了保证基本工作的顺利进行而做的辅助性工作所消耗的时间。辅助性工作不直接导致产品的形态、性质、结构或位置发生变化。例如，机械上油、小修，转移工作地等均属于辅助性工作。

c. 准备与结束时间。它是指执行任务前或任务完成后所消耗的时间。一般分为班内准备与结束时间和任务内准备与结束时间。班内准备与结束时间包括工人每天从工地仓库取工具、设备时间，工作地点布置时间，机器启动前的观察和试车时间，交接班时间等。任务内准备与结束时间包括接收施工任务书、研究施工图、接收技术交底、验收交工等工作所消耗的时间。班内准备与结束时间的长短与所提供的工作量大小无关，但往往和工作内容有关。

② 不可避免的中断时间。它是指由于施工过程中的施工工艺特点引起的工作中断所消耗的时间。例如，汽车司机在等待汽车装、卸货时消耗的时间，安装工人等待起重机吊预制构件的时间等。与施工工艺特点有关的中断时间应作为必须消耗的时间，但应尽量缩短此项时间消耗。与施工工艺特点无关的工作中断时间是由于施工组织不合理引起的损失时间，不能作为必须消耗的时间。

③ 休息时间。它是指工人在施工过程中为保持体力所必需的短暂休息和生理需要的时间消耗。例如，在施工过程中喝水、上厕所、短暂休息等。这种时间是为了保证工人精力集中地进行工作，应作为必须消耗的时间。

休息时间的长短与劳动条件、劳动强度、工作性质等有关，在劳动条件恶劣、劳动强度大等情况下，休息时间要长一些，反之可短一些。

（2）损失时间（非定额时间）

损失时间是指与产品生产无关，而与施工组织和技术上的缺点有关，与工人在施工过程中的个人过失或某些偶然因素有关的时间消耗。它包括多余或偶然工作的时间、停工时间和违反劳动纪律损失的时间。

① 多余或偶然工作的时间。

a. 多余工作的时间。它是指工人进行任务以外而又不能增加产品数量的工作所消耗的时间。例如，某项施工内容由于质量不合格需要进行返工。多余工作的时间损失，一般都是由于工程技术人员或工人的差错而引起的，不是必须消耗的时间，不应计入定额时间内。

b. 偶然工作的时间。它是指工人在任务外进行的能够获得一定产品的工作所消耗的时间。例如，日常架子工在搭设脚手架时需要在架子上架网，抹灰工在抹灰前必须先补上遗留的孔洞,钢筋工在绑扎钢筋前必须对木工遗留在板内的杂物进行清理等。从偶然工作的性质来看,不应该将其考虑为必须消耗的时间,但由于偶然工作能获得一定产品,拟定定额时要适当考虑它的影响。

② 停工时间。它是指工作班内停止工作造成的时间损失。停工时间按其性质可分为施工本身造成的停工时间和非施工本身造成的停工时间。

a. 施工本身造成的停工时间。它是指由于施工组织不合理、材料供应不及时、工作没有做好、劳动力安排不当等情况引起的停工时间。这类停工时间在拟定时不予考虑。

b. 非施工本身造成的停工时间。它是指由于气候条件以及水源、电源中断引起的停工时间。这类时间在拟定定额时应给予合理的考虑。

③ 违反劳动纪律损失的时间。它是指违反劳动纪律规定造成的工作时间损失。它包括工人在工作班内的迟到、早退、擅自离岗、工作时间聊天、打牌、办私事等造成的时间损失,也包括由于一个或几个工人违反劳动纪律而影响其他工人无法工作的时间损失。此项时间损失不允许存在,因此在定额中是不应该考虑的。

子目三　计时观察法

驱动任务

寻找身边的例子,对某个人做某件事情进行观察测时。

思考讨论

如果要对干混砂浆砌筑多孔砖墙这一施工过程进行测时,需要提前了解哪些信息?如何确定测定对象?

从对施工过程的分析可以看出,施工作业过程中,工人和机械的时间消耗测定是制定定额的一个主要步骤。测定时间消耗需要用科学的方法观察、记录、整理并分析施工过程,为制定建筑工程定额提供可靠的依据。测定时间消耗通常使用计时观察法。

1. 计时观察法的概念

微课
计时观察法

计时观察法是研究工作时间消耗的一种技术观察方法。它以研究工时消耗为对象,以观察测时为手段,通过密集抽样和粗放抽样等技术进行直接的时间研究。计时观察法用于建筑施工中,是通过实地观察施工过程的具体活动,详细记录工人和施工机械的工时消耗,测定完成建筑产品所需的时间数量和有关影响因素,再进行分析整理,测定可靠的数值,也称为现场观察法。

因此,计时观察法的主要目的在于查明工作时间消耗的性质和数量;查明和确定各种因素对工作时间消耗数量的影响;找出工时损失的原因,并研究缩短工时、减少损失的可能性。

计时观察法的具体用途表现在以下几个方面:

① 取得编制施工劳动定额和机械定额所需要的基础资料和技术依据。

② 研究先进工作法和先进技术操作对提高劳动生产率的具体影响,并应用和推广先进工作法和先进技术操作。

③ 研究减少工时消耗的潜力。

④ 研究定额执行情况,包括研究大面积、大幅度超额和达不到定额的原因,积累资料、反馈信息。

计时观察法有充分的科学依据,能够把现场工时消耗情况和施工组织技术条件联系起来加以考察,因此制定的定额比较合理先进,有广泛用途和很多优点。但是,这种方法的工作量较大,技术性较强,工作周期也较长,测定方法比较复杂,使其应用受到一定的限制。它一般用于产品量大且品种少、施工条件比较正常、施工时间长的施工过程。

2. 计时观察法的步骤

利用计时观察法编制人工消耗定额(劳动定额)和机械台班定额时,一般按以下步骤进行:

① 确定计时观察的施工过程。第一步就是研究并确定有哪些施工过程需要进行计时观察。对于需要进行计时观察的施工过程,要编制出详细的目录,拟定工作进度计划,制定组织技术措施,并组织编制定额的专业技术队伍,按计划认真开展工作。

② 划分施工过程的组成部分。施工过程划分的目的是便于计时观察。如果计时观察法的目的是为了研究先进工作法,或是分析影响劳动生产率的因素,则必须将施工过程划分到操作或动作。组成部分划分的粗细,与技术测定的目的和要求有关,是随着建筑施工技术的进步和操作方法的改进而变化的。

③ 选择施工的正常条件。绝大多数企业和施工队组在合理组织施工的条件下所处的施工条件,称为施工的正常条件。选择施工的正常条件是技术测定中的一项重要内容,也是确定定额的依据。选择施工的正常条件时,应具体考虑以下问题:

a. 所完成的工作和产品的种类,以及对其质量的技术要求。

b. 所采用的建筑材料、制品和装配式结构配件的类型。

c. 所采用的劳动工具和机械的类型。

d. 工作的组成,包括施工过程的各个组成部分。

e. 工人的组成,包括小组成员的专业、技术等级和人数。

f. 施工方法和劳动组织,包括工作地点的组织、工人配备和劳动分工、技术操作过程和完成主要工序的方法等。

④ 选定观察对象。所谓观察对象,是指对其进行计时观察的施工过程和完成该施工过程的工人。选择计时观察对象时应注意:所选择的施工过程要完全符合施工的正常条件;所选择的建筑安装工人,应具有与技术等级相符的工作技能和熟练程度,所承担的工作技术等级相同,同时应该能够完成或超额完成现行的施工劳动定额。不具备施工的正常条件,技术上尚未熟练掌握本专业技能的工人,不能作为计时观察对象。专门为试验性施工所创造的具备优越人工实验条件的施工过程、尚未推广的先进施工组织和技术方法,不应选择为计时观察的对象,除非作为对照组研究。

⑤ 观察测时。根据前期对施工过程的分析,在明确了测定目的、选择好测定对象后,即可在施工的正常条件下,选择合适的测时方法,开始进行观察测时。为了满足技

术测定过程中的实际需要,应准备好记录夹和测定所需的各式表格、计时器(表)、衡器、摄像装备,以及其他必需的用品和文具等。

⑥ 整理和分析观察资料。对每次计时观察的资料进行整理后,要对整个施工过程的观察资料进行系统的分析研究和整理。整理后的计时观察资料可以作为评价工作的依据,也可以作为制定定额的依据。

3. 计时观察法的主要测时方法

对施工过程进行观察、测时,计算实物和劳务产量,记录施工过程所处的施工条件和确定影响工时消耗的因素,是计时观察法的三项主要内容。计时观察法的种类很多,其中最主要的有以下三种,如图 2-7 所示。

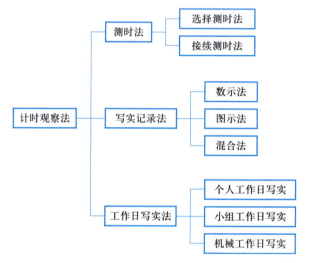

图 2-7   计时观察法的种类

① 测时法:主要适用于测定那些定时重复的循环工作的工时消耗,是精确度较高的一种计时观察法。它分为选择测时法和接续测时法。

② 写实记录法:一种研究各种性质的工作时间消耗的方法。采用这种方法,可以获得分析工作时间消耗的全部资料。写实记录法按记录时间的方法不同分为数示法、图示法和混合法。

③ 工作日写实法:一种研究整个工作班内的各种工时消耗的方法,分为个人工作日写实、小组工作日写实和机械工作日写实,它在我国是一种应用较广的编制定额的方法。

子目四   测   时   法

驱动任务

寻找可以采用测时法进行计时观察的施工过程,考虑其组成部分的划分和定时点的确定。

思考讨论

如果在测时时出现特殊情况,如工人操作出现失误或机械短暂故障,这时应如何处理?

测时法是一种精确度较高的测定方法,主要适用于研究以循环形式不断重复进行的作业。它用于观察研究施工过程循环组成部分的工作时间消耗,不研究工作休息、准备与结束及其他非循环的工作时间。采用测时法,可以为制定劳动定额提供单位产品所必需的基本工作时间的技术数据,可以分析研究工人的操作或动作,总结先进经验,帮助工人班组提高劳动生产率。

在测时过程中,为了保证工序各个组成部分时间测量的精确性,必须正确地确定每个操作的开始时间和终止时间。为此,在划分工序的各个组成部分时,要确定"定时点",用以鉴别工序中某一操作的结束和下一操作的开始。

所谓定时点,是指上下两个相衔接的组成部分之间的分界点。其要求是:分界点明显,易于观测;时间稳定,一定能出现。例如,在"反铲挖掘机挖土、装车"这一工序中,"挖土"与"移臂"这两个连续组成部分的时间分界点,应确定为挖土机土斗升臂后待回转的那一瞬间。定时点对于保证计时观察的精确性是不容忽视的因素。各个工程项目和组成部分要选用比较稳定、能正确表示产品数量、工人易于接受和了解的计量单位。

根据记录时间的方法不同,测时法分为选择测时法和接续测时法。

1. 选择测时法

选择测时法又称间隔测时法或重点计时法,它是间隔选择施工过程中非紧密连接的组成部分测定工时,或者将完成产品的各个工序(或操作)一一分开,有选择地对各工序(或操作)的工时消耗进行测定;经过若干次选择测时后,直到填满表格中规定的测时次数,完成各个组成部分的全部测时工作为止。

选择测时法主要用于测定工时消耗不长的循环操作过程,其优点是比较容易掌握,使用范围比较广泛;缺点是测定起始和结束点的时刻时容易发生读数偏差。

其具体测时方法为:当被观察的某一循环工作的组成部分开始时,观察者立即启动秒表,当该组成部分终止时,立即停止秒表,记录时间,并把秒针拨回到零点;下一组成部分开始时,再启动秒表,如此依次观察下去,并依次记录延续时间。在记录时间时仍在进行的工作组成部分,应不予观察。

测时之前,应先把表格中的施工过程名称、观察对象等相关信息填好,同时列好拟测时的组成部分名称(注意需要非紧密连接的部分),观察时即可直接填入测得的各组成部分的延续时间,观察结束再进行整理,求出算术平均值或平均修正值。

选择测时法记录表如表2-1所示,对于"反铲挖掘机挖土、装车"这一施工过程,可以分为"挖土""移臂""卸土"和"空回"四个组成部分,在使用选择测时法测时时,不是连续地测定这四个部分,而是每次有选择地、不按顺序测定其中某一个或某两个非紧密连接的组成部分的工时消耗,经过若干次选择测时后,即可完成各个组成部分的全部测时工作。表2-1是对"挖土"和"卸土"两个非紧密连接的部分进行选择测时法测时。

表 2-1　选择测时法记录表

观察对象	反铲挖掘机(斗容量1.5 m³)	施工单位名称	工程名称	日期	开始时间	终止时间	延续时间	观察号次						
		××××	××××	××××	8：30：00	8：35：21	5 min 21 s	2					
观察精度	1 s	施工过程名称	反铲挖掘机挖土、装车(三类土)										

号次	各组成部分名称	时间	每一次循环时间												工人人数	时间管理					
			1 s	2 s	3 s	4 s	5 s	6 s	7 s	8 s	9 s	10 s	11 s	12 s		时间总和	循环次数	最大	最小	算术平均值	平均修正值
1	挖土	延续时间	6	6	7	6	8	6	6	6	4	5	12①	8	1	68	11	8	4		6.2
2	卸土	延续时间	3	2	2	4	2	4	2	3	2	3	4	3	1	34	12	4	2	2.8	
	合计																				
附注	① 挖掘机位置调整,导致数值偏大																			

2. 接续测时法

接续测时法又称连续测时法,它是对施工过程循环的组成部分进行不间断的连续测定,不遗漏任何操作或动作的起止时间,并通过测定的起止时间计算出本操作的延续时间。连续测时法所测定的时间包含了施工过程中的全部循环时间,因此它保证了所得结果具有较高的精确度。

接续测时法记录的资料较选择测时法精确、完善,但其观察技术也较为复杂,工作量较大,而且在各个组成部分的延续时间较短时,往往不容易测定,只有在延续时间较长时,才采用这种测时方法。它的特点是:在工作进行中和非循环组成部分出现之前一直不停止秒表,秒针走动过程中,观察者根据各组成部分之间的定时点,记录它的起止时间。在测时过程中,应注意随时记录对组成部分的延续时间有影响的施工因素,以便整理测时数据时分析研究。

在接续测时法记录表中,各个操作分别用两行表示,上面一行是"起止时间",下面一行是"延续时间"。所谓"起止时间",包含"起始时间"和"终止时间"两层意思。所以,在计算延续时间时,根据记录的时间是"起始时间"还是"终止时间",计算方式有所不同。

① 当记录时间为各操作的起始时间时(表 2-2),其计算公式为

本操作的延续时间=紧后操作的起始时间-本操作的起始时间

② 当记录时间为各操作的终止时间时(表 2-3),其计算公式为

本操作的延续时间=本操作的终止时间-紧前操作的终止时间

拓展练习

试计算表 2-3 中"卸料"这一组成部分各循环的延续时间。

表2-2　接续测时法记录表（一）

观察对象	反铲挖掘机（斗容量1.5 m³）	施工单位名称	工程名称	日期	开始时间	终止时间	延续时间	观察号次	页次
		xxxx	xxxx	xxxx	10：04：25	10：08：09	3 min 44 s	4	1
观察精度 定时点	1 s	施工过程名称	反铲挖掘机挖土、装车（三类土）						

组号次	各组成部分名称	定时点名称	时间	1 (min s)	2 (min s)	3 (min s)	4 (min s)	5 (min s)	6 (min s)	7 (min s)	8 (min s)	9 (min s)	10 (min s)	11 (min s)	12 (min s)	13 (min s)	工人人数	时间总和	循环次数	最大	最小	算数平均值	平均修正值	每一循环时间/%
1	挖土	铲斗碰到土	起止时间	0　0	0　15	0　42	1　2	1　16	1　30	1　45	2　0	2　15	2　29	2　46	3　2	3　25								
			延续时间	6	6	7	6	5	6	6	6	6	4	3	⑮	6		65	12	7	3	5.4	5.4	36.7
2	移臂	铲斗离开土	起止时间	0　6	0　21	0　49	1　8	1　21	1　36	1　51	2　6	2　19	2　32	2　52	3　17	3　33								
			延续时间	4	⑯	⑨	3	3	3	4	3	3	4	5	3	3		38	11	5	3	3.5	3.5	23.8
3	卸土	铲斗到自卸汽车上方	起止时间	0　10	0　37	0　58	1　11	1　24	1　39	1　55	2　9	2　22	2　36	2　57	3　20	3　36								
		卸汽车上方	延续时间	2	2	2	3	2	2	2	3	3	⑥	2	2	3		28	12	3	2	2.3	2.3	15.7
4	空回	铲斗离开自卸汽车上方	起止时间	0　12	0　39	1　0	1　14	1　26	1　41	1　57	2　12	2　25	2　42	2　59	3　22	3　39 / 3　44								
			延续时间	3	3	2	2	4	4	3	3	3	4	3	3	5		43	13	5	2	3.5	3.5	23.8
	合计																					14.7	14.7	100

附注

表 2-3　接续测时法记录表（二）

观察对象	砂浆搅拌机		施工单位名称	××××	工程名称	××××	日期	××××	开始时间	9：00：00	终止时间	9：23：29	延续时间	23 min 29 s	观察号次	3	页次	1
观察精度	1 s				施工过程名称		200 L 灰浆搅拌机搅拌砌筑砂浆											

次序号	各组成部分名称	定时点	时间	1 min	1 s	2 min	2 s	3 min	3 s	4 min	4 s	5 min	5 s	6 min	6 s	7 min	7 s	8 min	8 s	9 min	9 s	10 min	10 s	工人人数	时间循环次数总和	最大	最小	算数平均值	平均修正值	与每一循环时间/%
1	装料	搅拌叶启动	起止时间	0	30	2	25	5	2	7	21	9	38	11	57	14	13	16	33	18	51	21	33							
			延续时间		30		25		27		27		26		28		26		27		25		28		269	10	30	25	26.9		
2	搅拌	搅拌叶停止	起止时间	2	0	4	16	6	34	8	51	11	9	13	27	15	47	18	5	20	21	23	4							
			延续时间		90		91		92		90		91		90		94		92		90		91		911	10	94	90	91.1		
3	卸料	砂浆卸完	起止时间	2	20	4	35	6	54	9	12	11	29	13	47	16	6	18	26	21	5	23	29							
			延续时间																											
	合计																													

附注

子目五 测时法观察次数的确定

驱动任务

寻找一两个可以采用测时法进行计时观察的施工过程,根据其施工作业特点,考虑测多少次循环比较合适。

思考讨论

稳定系数与测时次数之间有什么关系?

无论采用接续测时法还是选择测时法,测时获得的数据能否用于编制定额,都要进行进一步的整理和分析,其中一个方面就是要考虑样本容量是否能达到精度要求,也就是测时次数够不够的问题。

1. 测时次数的重要性

测时法实质上是一个抽样观测的过程,所以为了得到科学的时间标准,需要有足够的样本容量。样本容量越大,得到的结果越准确。但样本容量过大,会大量耗费时间和精力。因此,科学地确定观测次数尤为重要。

一般情况下,观测次数要根据生产类型、作业性质(机动、手动或机手并动)、工序和操作的延续时间长短等情况而定。生产类型高,要求所得资料精确,观测次数就要多一些,反之可少一些。在机动时间和工序及操作的延续时间比较长的情况下,工时消耗比较稳定,观测次数可以少一些。在手动时间和工序及作业单元延续时间比较短的情况下,工时消耗波动较大,观测次数应多一些。

2. 最低测时次数要求

表 2-4 列出的数据可供测定过程中检查所测次数是否满足需要。

表 2-4 测时所必需的观察次数表

精确度要求 稳定系数 K_p	算术平均值精确度 $E/\%$				
	5 以内	7 以内	10 以内	15 以内	20 以内
1.5	9	6	5	5	5
2	16	11	7	5	5
2.5	23	15	10	6	5
3	30	18	12	8	6
4	39	25	15	10	7
5	47	31	19	11	8

表 2-4 中,稳定系数的计算公式为

$$K_p = \frac{t_{max}}{t_{min}} \tag{2-1}$$

式中 t_{max} ——最大观察值;

t_{min} ——最小观察值。

算术平均值精确度的计算公式为

$$E = \pm \frac{1}{\bar{x}} \sqrt{\frac{\sum \Delta^2}{n(n-1)}}$$

(2-2)

式中　E——算术平均值精确度；

　　　$\bar{x}$——算术平均值；

　　　n——观察次数；

　　　Δ——每一观察值与算术平均值的偏差。

若计算的测时次数大于实际测时次数，则说明测时样本容量不满足要求，需要继续进行测时，直到满足最低测时次数为止。

【例 2-1】　如表 2-2 所示，对"反铲挖掘机挖土、装车"这一施工过程进行测时，其中"挖土"这一操作观测 13 次，试根据其数据分析测时次数是否满足要求。

解：根据表 2-2，13 组数据分别为 6、6、7、6、5、6、6、6、4、3、6、15、6。

① 计算算术平均值 $\bar{x}$：

$$\bar{x} = \frac{6+6+7+6+5+6+6+6+4+3+6+15+6}{13} = 6.3$$

② 计算各观测值与算术平均值的偏差：

偏差 Δ 分别为 -0.3、-0.3、0.7、-0.3、-1.3、-0.3、-0.3、-0.3、-2.3、-3.3、-0.3、8.7、-0.3。

③ 计算算术平均值精确度 E：

$$E = \pm \frac{1}{\bar{x}} \sqrt{\frac{\sum \Delta^2}{n(n-1)}}$$

$$= \pm \frac{1}{6.3} \sqrt{\frac{(-0.3)^2 + (-0.3)^2 + 0.7^2 + \cdots + 8.7^2 + (-0.3)^2}{13 \times 12}}$$

$$= \pm 12.4\%$$

④ 计算稳定系数：

$$K_p = \frac{t_{max}}{t_{min}} = \frac{15}{3} = 5$$

查表 2-4 可知，最少应测定 11 次，本次观察共计 13 次，故观察次数满足要求。

拓展练习

根据结算的延续时间结果，对表 2-3 中"卸料"这一组成部分的测时数据进行测时次数判断。

子目六　测时数据整理

驱动任务

计算班里男同学的平均身高，假设有同学身高超过 2 m，分析平均身高会受到多大影响。

思考讨论

测时数据中,有较大偏差的数据会影响测时次数吗?

测时过程中,因各种因素影响,有些数据偏差较大,对这些数据进行科学的分析和整理,也是测时数据整理中一个很重要的方面。

1. 测时数据整理的原则

测时数据的整理,一般是将该操作在所有循环中的数值进行算术平均,但因受到各种因素影响,有时测时数据中个别延续时间误差较大,会影响算术平均值的准确性,为了使算术平均值更加接近于各组成部分延续时间的正确值,在整理测时数据时可进行必要的清理,删掉那些明显错误的和误差极大的数值。通过清理后所得出的算术平均值,通常称为平均修正值。

在清理测时数据时,应首先从数列中删掉因人为因素影响而出现的误差极大的数值,如工作时间聊天,材料供应不及时造成的等待,以及因测定人员记录时间的疏忽而造成的错误等测得的数据,都应删掉。删掉的数据应在测时记录表上做记号。

其次,应删掉由于施工因素的影响而出现的偏差极大的数据,当然,清理误差大的数值时,不能单凭主观想象,否则就失去了技术测定的真实性和科学性。为了妥善清理此类误差,可参照表2-5和以下误差极限算式进行。

表2-5 误差调整系数表

观察次数	K
5	1.3
6	1.2
7~8	1.1
9~10	1.0
11~15	0.9
16~30	0.8
31~53	0.7
53以上	0.6

误差极限算式为

$$\lim_{max} = \bar{x} + K(t_{max} - t_{min})$$

$$\lim_{min} = \bar{x} - K(t_{max} - t_{min})$$

式中 $\lim_{max}$——根据误差理论得出的最大极限值;

$\lim_{min}$——根据误差理论得出的最小极限值;

$\bar{x}$——算术平均值;

K——误差调整系数(表2-5)。

注意:计算极限值时,所代入的数据必须剔除可疑数值。

2. 测时数据整理的步骤

具体整理方法为:首先,从测得的数据中删掉由于人为因素的影响而出现的偏差极大的数据;然后,再从留下的测时数据中判断偏差极大的可疑数据是否需要删除,通过与删除可疑值后计算出的极限值进行比较,大于极限最大值和小于极限最小值的可疑数值需予以删除。

【例 2-2】 试对表 2-2 中"挖土"这一组成部分的测时数据进行整理。

解:较大偏差值为 15,故对 15 进行可疑值判断,将其抽取,计算剩余 12 组数据的极限最大值,然后与 15 进行比较。

① 计算平均值:

$$\bar{x} = \frac{6+6+7+6+5+6+6+6+4+3+6+6}{12} = 5.58$$

② 计算极限值:

$$\lim_{max} = 5.58 + 0.9 \times (7-3) = 9.18 < 15$$

由于 15 大于剩余数组所允许的极限最大值,故应予以剔除。

当一组测时数据中有两个偏差大的可疑数据时,应从偏差最大的一个数开始,连续进行检核(每次只能删掉一个数据)。

当一组测时数据中有三个或三个以上偏差大的可疑数据时,应将这一组测时数据抛弃,重新进行观测。

测时记录表中的"时间整理"部分,"时间总和""循环次数"和"最大""最小"栏,都应按清理后的数值填入。

拓展练习

根据计算的延续时间结果,试对表 2-3 中"卸料"这一组成部分的测时数据进行整理。

子目七　数　示　法

驱动任务

尝试对工人调制砂浆的过程进行数示法写实记录。

思考讨论

测时法可以测定的施工过程是否也可以用数示法进行工时测定?反之如何?

数示法是写实记录法的一种,主要是以数字形式进行工时消耗记录。

1. 数示法的概念

数示法是直接用数字记录工时消耗的方法,它是三种写实记录中精确度较高的一种,可以同时对两个以内的工人进行测定,测定的时间消耗记录在专门的数示法写实记录表中。记录时间的精确度为 5~10 s。用数示法可以对整个工作班或半个工作班的工人或机器工作情况进行记录。这种方法适用于组成部分较少且比较稳定的施工过程。

2. 数示法写实记录表

数示法写实记录表如表 2-6 所示,填表方法如下:

表2-6　数示法写实记录表

工程名称	×××	开始时间	8时20分00秒	延续时间	1小时21分20秒	调查号次	6
施工单位名称	×××	终止时间	9时41分55秒	记录时间	1小时21分55秒	页次	1

施工过程:双轮车运土方,200 m 运距　　观察对象:工人甲　　观察对象:工人乙

号次 (一)	施工过程组成部分名称 (二)	时间消耗量 (三)	组成部分号次 (四)	起止时间 时-分 (五)	秒	延续时间 (六)	完成产品 计量单位 (七)	数量 (八)	组成部分号次 (九)	起止时间 时-分 (十)	秒	延续时间 (十一)	完成产品 计量单位 (十二)	数量 (十三)	附注 (十四)
			×	8-20	0				×	9-01	0				
1	装土	27'40"	1	22	50	2'50"	m³	0.288	1	9-04	05	3'05"	m³	0.288	产量计算
2	运输	22'26"	2	26	0	3'10"	次	1	2	06	25	2'20"	次	1	如下:每车
3	卸土	9'09"	3	27	20	1'20"	m³	0.288	3	07	25	1'0"	m³	0.288	容积=1.2×
4	空返	18'30"	4	30	0	2'40"	次	1	4	09	45	2'20"	次	1	0.6×0.4=
5	等候装土	2'05"	1	33	20	3'20"			1	13	45	4'0"			0.288 m³,
6	喝水	1'30"	2	36	50	3'30"			2	16	15	2'30"			共运土
			3	37	50	1'0"			3	17	15	1'0"			8车,
			4	40	20	2'30"			4	20	05	2'50"			8×0.288=
			1	43	30	3'10"			5	22	10	2'05"			2.304 m³,
			2	45	50	2'20"			1	26	05	3'55"			按松土计算
			3	47	5	1'15"			2	29	11	3'06"			
			4	49	50	2'45"			3	30	35	1'24"			
			1	53	20	3'30"			4	33	05	2'30"			
			2	56	20	3'0"			1	36	55	3'50"			
			3	57	30	1'10"			2	39	25	2'30"			
			4	9-00	25	2'55"			3	40	25	1'0"			
									6	41	55	1'30"			
		81'20"				40'25"						40'55"			

① 先将拟定好的所测施工过程的全部组成部分,按其操作的先后顺序填写在第二栏中,并将各组成部分依次编号填入第一栏。表 2-6 中,编号 1 即表示"装土"这一组成部分。在记录过程中,如出现设定的组成部分以外的时间消耗,应按顺序继续往下编号。

② 在第四、九栏中填写工作时间消耗组成部分序号,其序号应根据第一栏和第二栏填写,测定一个填写一个。当测定一个工人的工作时,应将测定的结果先填入第四~八栏;当同时测定两个工人的工作时,测定结果应同时单独填写。

③ 在第五、十栏中填写起止时间。测定开始时,将开始时间填入此栏第 1 行,在组成部分序号栏(即第四栏或第九栏)中划"×"号以示区别。其余各行均填写各组成部分的终止时间和延续时间。

④ 在第六、十一栏中填写延续时间,应在观察结束之后填写。计算方法为:将某一施工过程组成部分的终止时间减去前一施工过程组成部分的终止时间,得到该施工过程的延续时间。

⑤ 在第七、八、十二、十三栏中,可根据划分测定施工过程的组成部分,将选定的计量单位、实际完成的产品数量填入其中。当有的施工过程组成部分难以计算产量时,可不填写。

⑥ 第十四栏为附注栏,填写工程中产生的各种影响因素和各组成部分内容的必要说明等。

观察结束后,应详细测量或计算最终完成产品数量,填入数示法写实记录表中第 1 页的附注栏中。对所测定的原始记录应分页进行整理,首先计算第六、十一栏的各组成部分延续时间,然后再分别计算该施工过程延续时间的合计,并填入第三栏中。如同时观察两个工人,则应分别进行统计。各页原始记录表整理完之后,应检查第三栏的时间总计是否与第六、十一栏的总计相等,然后填入本页的延续时间栏内。

子目八   图   示   法

驱动任务

熟悉工人砌筑砖墙的施工过程,划分其组成部分。

思考讨论

在图示法写实记录表中,是否能看出某一时间点某一工人在做什么?

1. 图示法的概念

图示法是在规定格式的图表上用时间进度线条表示工时消耗量的一种记录方式,精确度可达 $0.5 \sim 1$ min,可同时对 3 个以内的工人进行观察。观察资料记入图示法写实记录表中,观察所得的时间消耗资料记录在表的中间部分。图示法与数示法相比有许多优点,其记录技术简单,时间记录一目了然,原始记录整理方便,因此在实际工程中,图示法较数示法使用更为普遍。

2. 图示法写实记录表

图示法写实记录表如表 2-7 所示,具体填写方法如下:

表2-7 图示法写实记录表

工程名称	×××			
单位名称	×××			
施工过程	M7.5干混砂浆砌筑一砖厚烧结普通砖			
开始时间	13:00	延续时间	60 min	号次 7
终止时间	14:00	记录时间		页次 1
	观察对象	李×× 张×× 王××		

序号	组成部分名称	时间/min（5 10 15 20 25 30 35 40 45 50 55 60）	时间合计/min
1	准备工作		16
2	挂线吊直		6
3	运砂浆		27
4	砌筑		83
5	摆放钢筋		11
6	处理门窗洞口		3
7	搬砖等浆		34
	合计		180
	产量		

$$V = [0.063 \times 7 \times (3-0.5) \times 0.24]\,\text{m}^3 = 0.265\ \text{m}^3$$

① 表中划分为许多小格,每格为 1 min,每张表可以记录 1 h 的时间消耗。为了方便记录时间,每 5 个小格和每 10 个小格处都有长线和数字标志。

② 表中的"序号"及"组成部分名称"栏,应在实际测定过程中按所测施工过程的各组成部分出现的先后顺序随时填写,这样便于线段连接。

③ 记录时间时,用笔在各组成部分相应的横行中画直线段,每个工人画一条线,测定两个以上的工人工作时,应使用不同颜色或不同线型的线段来表示不同的工人,以便于区分。每一条线段的始端和末端应与该组成部分的开始时间和终止时间相符合。工作 1 min,直线段延伸一个小格。当工人的操作由一组成部分转入另一组成部分时,时间线段也应随之改变位置,并应在前一条线段的末端画一垂直线,与后一条线段的始端相连接。

④ "产品数量"栏按各组成部分的计量单位和所完成的产量填写,如个别组成部分的完成产量无法计算或无实际意义,可不必填写。最终产品数量应在观察完毕之后,查点或测量清楚。

⑤ 在观察结束之后,及时将每一组成部分所消耗的时间合计后填入"时间合计"栏内,再将各组成部分所消耗的时间相加后填入"合计"栏内。

子目九　混　合　法

驱动任务

熟悉柱混凝土浇捣的施工过程,划分组成部分。

思考讨论

在混合法写实记录表中,是否能看出某一时间点某一工人在做什么?

1. 混合法的特点

混合法结合了数示法和图示法的优点,以时间进度线条表示工序的延续时间,在进度线的上部加写数字表示各时间区段的工人数。混合法适用于 3 个以上工人的小组工时消耗的测定与分析。它的优点是比较经济,这一点是数示法和图示法都不能做到的。

2. 混合法写实记录表

混合法记录观察资料的表格仍采用图示法写实记录表,如表 2-8 所示,其填写方法如下:

① 表中"序号"和"组成部分名称"栏的填写与图示法相同。

② 所测施工过程各组成部分的延续时间用相应的直线段表示,完成该组成部分的工人人数用数字填写在其时间线段的始端上面。当某一组成部分的工人人数发生变动时,应立即将变动后的人数填写在变动处。同时在观察过程中,应随时核对各组成部分在同一时间内的工人人数是否等于观察的总人数,发现人数不符时应立即纠正。

③ "产品数量"栏的填写方法与图示法相同。

表2-8 混合法写实记录表

工程名称	×××	开始时间	13:00	延续时间	60 min	号次	5
单位名称	×××	终止时间	14:00	记录时间		页次	1
施工过程	浇捣混凝土基础（机拌人搅）	观察对象		四级工两人；三级工三人；普工一人			

序号	组成部分名称	时间/min 5	10	15	20	25	30	35	40	45	50	55	60	时间合计/min	附注
1	撒钬	2	1 2	2 1		2				1	1	2	1 2	78	
2	捣固	4	2 4	2 1 2	1	4			3 4	2 1	1	4	2 3	148	3次
3	转移		6 3	5 1 3 2	5 6					3 5 6 4	6	3	3	103	
4	等混凝土										3			21	
5	做其他工			1					1				1	10	
6															
7															
	合计													360	
	产量						2.75 m³								

④"时间合计"栏分别填入所测各个线段的总时间(即将工人人数与其工作的时间相乘后累加)。

采用混合法记录时间时,无论测定多少人工作,在所测施工过程各组成部分的时间栏中都只用一条直线段表示,当工人由一组成部分转入另一组成部分时,不作垂直线连接。

混合法的整理方法是:将表示分钟的线段与标在线段上面的工人人数相乘,算出每一组成部分的工时消耗,计入对应的"时间合计"栏,然后将时间合计垂直相加,计算出工时消耗总数。该合计数应等于参加该施工过程的工人人数乘以观察时间。例如在表 2-8 中,"等混凝土"这一组成部分的工时消耗为 $(6+3+3×4)$ min $= 21$ min,而测定 60 min 后总的时间消耗为 $6×60$ min $= 360$ min,与合计值相等。

子目十　工作日写实法

驱动任务

记录自己和同学在学校学习一天的各种时间消耗。

思考讨论

如果是为了编制企业定额,在使用工作日写实法时,应如何选择观察对象?

工作日写实法与测时法、写实法记录相比,具有技术简便、费时少、应用广泛和资料全面的优点。它在我国是一种使用较为广泛的编制定额方法。

1. 工作日写实法的概念

工作日写实法是指对工人在整个工作日中的工时利用情况按照时间消耗的顺序进行观察、记录的一种测定方法。它是一种记录整个工作班内的各种损失时间、休息时间和不可避免的中断时间的方法,也是研究有效工作时间消耗的一种方法。

采用工作日写实法主要有两个目的:一是取得编制定额的基础资料;二是检查定额的执行情况,找出缺点,从而改进工作。

当它被用于第一个目的时,工作日写实记录的结果要获得观察对象在工作班内工时消耗的全部情况,以及产品数量和影响工时消耗的影响因素。其中,工时消耗应按其性质分类记录。

当它被用于第二个目的时,通过工作日写实应做到:查明工时损失量和引起工时损失的原因,制订消除工时损失、改善劳动组织和工作地点组织的措施,查明熟练工人是否能发挥自己的专长,确定合理的小组编制和合理的小组分工;确定机械在时间利用和生产率方面的情况,找出使用不当的原因,制订出改善机械使用情况的技术组织措施;计算工人或机械完成定额的实际百分比和可能百分比。

2. 工作日写实法的分类

根据写实对象不同,工作日写实法可分为个人工作日写实、小组工作日写实和机械工作日写实。

① 个人工作日写实是指测定一个工人在工作日内的工时消耗,这种方法最为常用。个人工作日写实是为了取得确定小组成员和改善劳动组织的资料。

② 小组工作日写实是指测定一个小组的工人在工作日内的工时消耗,可以是相同工种的工人,也可以是不同工种的工人。

③ 机械工作日写实是指测定某一机械在一个台班内机械效能发挥的程度,以及配合工作的劳动组织是否合理,其目的在于最大限度地发挥机械的效能。

3. 工作日写实法的基本要求

① 因素登记。由于工作日写实法主要是研究工时利用和损失时间的,不按工序研究基本工作时间和辅助工作时间的消耗。因此,在填写因素登记表时,对施工过程的组织和技术说明可简明扼要,不予详述。

② 时间记录。个人工作日写实采用图示法,小组工作日写实采用混合法,机械工作日写实采用混合法或数示法。

③ 延续时间。工作日写实法以一个工作日为准,如其完成产品的时间消耗大于8 h,则应酌情延长观察时间。

④ 观察次数。观察次数根据不同的目的要求确定。一般来说,为了总结先进工人的工时利用经验,可测定1~2次;为了掌握工时利用情况或制定标准工时规范,应测定3~5次;为了分析造成损失时间的原因,改进施工管理,应测定1~3次,以取得所需要的有价值的资料。

4. 工作日写实结果的整理

工作日写实结果采用专门的工作日写实结果表整理,如表2-9所示。

表2-9　工作日写实结果表

施工单位名称	测定日期	延续时间	调查号次	页次
×××	××年××月	8 h 30 min		
施工过程名称	钢筋混凝土模板安装			

工时消耗表			
序号	工时消耗分类	时间消耗/min	百分比/%	施工过程中的问题与建议
---	---	---	---	---
Ⅰ	定额时间			本资料造成非定额时间的原因主要是:① 劳动组织不合理,开始1 h由3人操作,后7.50 h由4人操作,在实际工作中经常出一个等工的现象;② 等材料,上班后领料时未找到材料而造成等工;③ 产品不符合要求返工,由于技术要求马虎,工人对产品规格要求也未真正弄清楚,结果造成返工;④ 违反劳动纪律,主要是上班迟到和工作时间聊天。
1	基本工作时间:适于技术水平的	1 313	66.1	
2	不适于技术水平的	—	—	
3	辅助工作时间	110	5.54	
4	准备与结束时间	16	0.81	
5	休息时间	11	0.55	
6	不可避免的中断时间	8	0.41	
7	合计	1 458	73.41	
Ⅱ	非定额时间			
8	由于过去组织的缺点而停工	32	1.6	
9	由于缺乏材料而停工	214	10.78	
10	由于工作地点未准备好而停工	—	—	

续表

序号	工时消耗分类	时间消耗/min	百分比/%	施工过程中的问题与建议
11	由于机具设备不正常而停工	—	—	建议:切实加强施工管理工作,班前要认真做好岗位安排,保证材料及时供应,并应预先办好领料手续,提前领料,科学地按定额规定安排劳动力,加强劳动纪律教育,按时上班,集中思想工作。经认真改善后,劳动效率可提高26%左右
12	产品质量不符返工	158	7.96	
13	偶然停工(包括停电、停水、暴风雨)	—	—	
14	违反劳动纪律	124	6.25	
15	其他损失时间	—	—	
16	合计	528	26.59	
17	时间消耗总计	1 986	100	

完成定额情况		
完成产品数量	78.98 m²	
完成定额情况	实际:60×24.64/1 986×100% = 74.44%	
	可能:60×24.64/1 458×100% = 101.40%	

子目十一　工作日写实法的实施步骤

驱动任务

将自己一天的时间消耗整理成结果表,总结时间管理改进措施。

思考讨论

根据写实目的不同,写实步骤是否有所区别?

在进行工作日写实法的具体操作时,要按照一定的步骤进行,一般按照写时前准备、写时观察记录和整理分析三个阶段来展开。

1. 写实前准备

工作日写实前的准备工作主要包括以下几个方面:

① 正确选择对象。根据写实的目的不同,选择的对象要有所区别,例如,为了分析和改进工时利用的情况,找出工时损失的原因,可以分别选择先进、中间和后进的工人为对象,以便于分析。如果是为了总结先进经验,应选择具有代表性的先进工人作为观察对象。

② 调查写实对象和工地情况。了解写实对象的技术等级、工种、文化程度等情况,机器设备的性能、维修保养、使用年限等情况,劳动分工、工种配备、工作地点的供应等生产和劳动组织的情况。

③ 准备好记录表格,明确划分写实的事项,并规定各类工时的代号,以便记录,同时准备好写实用具。

④ 与写实对象进行有效沟通。要把写实的意图和目的向写实对象讲清楚,取得写

实对象的支持和配合。

2. 写实观察记录

这个阶段主要是按工时消耗的次序进行实地观察与写实,要求将工作日(工作班)所有的活动情况真实地记录在个人工作日写实记录表上。

在进行写实观察记录时,从工作日规定的上班时刻起,一直到下班时刻为止。在整个过程中要认真观察,如实记录,并且要把当时的结果实时记录于写实记录表中,不可事后补葺,也不宜事后转抄写实记录表。

根据观察对象不同,写实记录的方法是有所区别的。个人工作日写实记录表将不同的工作事项、时间消耗事项作为记录的一个间隔;班组工作日写实记录表按照一定的时间间隔分别对班组中的所有成员进行记录,如表 2-10 和表 2-11 所示。

表 2-10 个人工作日写实记录表

施工过程名称:M7.5混合砂浆砌一砖厚多孔砖墙　　　　　　　　　　　　　　观察对象:王××

序号	事项	起止时间	基本工作时间/min	辅助工作时间/min	准备与结束时间/min	休息时间/min	不可避免的中断时间/min	多余工作时间/min	偶然工作时间/min	施工本身造成的停工时间/min	非施工本身造成的停工时间/min	违反劳动纪律损失的时间/min	交叉序号	备注
1	开始工作	8:00												
2	看图纸	8:10			10									
3	领工具	8:25			15									
4	上厕所	8:30				5								
5	清理地面	8:35		5										
6	砌砖	9:05	30											
7	打电话	9:10										5		
8	砌砖	9:30	20											
9	等砂浆	9:35									5			组织不到位
…	…	…												
90	清理	16:40			5									
91	交还工具	16:45			5									
92	下班	17:00												

表 2–11　班组工作日写实记录表

序号	时间间隔	班组成员				备注
		工人甲	工人乙	工人丙	工人丁	
1	8：00～8：10	t_j	t_{zj}	t_{zj}		工人丁迟到
2	8：10～8：20	t_j	t_{fz}	t_{fz}	t_{zj}	
3	8：20～8：30	t_x	t_j	t_j	t_j	
4	8：30～8：40	t_j	t_j	t_j	t_{fz}	
5	8：40～8：50	t_j	t_j	t_j	t_x	
6	8：50～9：00	t_j	t_j	t_j	t_j	
7	9：00～9：10	t_{or}	t_x	t_j	t_j	
8	9：10～9：20	t_j	t_j	t_x	t_{wf}	
9	9：20～9：30	t_{sf}	t_{sf}	t_{sf}	t_j	组织不到位,三位工人等砂浆
…	…					
47	16：40～16：50	t_{zj}	t_{zj}	t_{zj}	t_{zj}	
48	16：50～17：00	t_{zj}	t_{zj}	t_{zj}	t_{zj}	17：00下班

施工过程名称:M7.5 混合砂浆砌一砖厚多孔砖墙

时间代码:基本工作时间 t_j,辅助工作时间 t_{fz},准备与结束时间 t_{zj},休息时间 t_x,不可避免的中断时间 t_{bm},多余工作时间 t_{dy},偶然工作时间 t_{or},施工本身造成的停工时间 t_{sf},非施工本身造成的停工时间 t_{af},违反劳动纪律损失的时间 t_{wf}

3. 整理分析

对个人或班组的工作日写实记录完成后,需要对观测表格进行整理分析。具体内容如下:

① 计算各个活动事项的时间消耗。

② 汇总计算出每一类工时的合计数。

③ 编制汇总表,计算每类工时消耗占全部工作时间和作业时间的比重。

④ 拟定各项改进工时利用的技术组织措施,计算通过实施这些措施后,可能提高劳动生产率的程度。

⑤ 写出分析报告。

表 2–12 所示为工作日写实结果表,表中"工时类别"栏按定额时间和非定额时间的分类预先印好;"施工过程中存在的问题和建议"栏,应根据工作日写实记录资料分析造成非定额时间的有关因素,并注意听取有关技术人员、施工管理人员和工人的意见,提出切实可行的、有效的技术与组织措施的建议。

表 2–12　工作日写实结果表

施工单位名称	×××	工地名称	×××	延续时间	8 h	调查号数		页次	1
观察日期		观察对象		第一砌筑小组:初级 2 人,中级 2 人					
施工过程名称		M7.5 混合砂浆砌一砖厚多孔砖墙							

续表

序号	工时类别	时间/min	百分比/%	施工过程中存在的问题和建议
1	适合于技术水平的有效工作	1 120	58.3	
2	不适合于技术水平的有效工作	67	3.5	问题:
	有效工作时间小计	1 187	61.8	1. 架子工搭设脚手板未保证质量及未按计划进度完成,以致影响瓦工的工作。
3	休息	176	9.2	2. 灰浆搅拌时有故障发生,使灰浆不能及时供应。
Ⅰ	定额时间合计(A)	1.363	71	3. 工长和工地技术人员对于工人工作指导不及时,并缺乏经常的检查、督促,致使砌砖返工。
	砌筑不正确而返工	49	2.6	4. 由于工人宿舍距施工地点远,并缺乏纪律教育,工人经常迟到。
	脚手板铺设不当而返工	54	2.8	建议:
4	多余和偶然工作时间小计	103	5.4	1. 加强技术人员对瓦工工作的指导、检查、督促。
	灰浆供应中断而停工	112	5.9	2. 工人在开始工作前,先检查脚手板,工地领导和安全技术人员加强工地的技术安全监督和教育。
	脚手板准备不及时而停工	64	3.3	3. 立即修理也灰浆搅拌机,使其正常工作。
	工长耽误指示而停工	100	5.2	4. 加强职工纪律教育,采取措施,消除上班迟到现象。
5	由于施工本身而停工时间小计	276	14.4	经测定,该施工过程整个工作日中的时间损失占29%。主要原因是领导和技术人员指导不力。加强对工人小组切实有效的指导,改善管理后的劳动生产率可以提高35%以上
	因雨而停工	96	5	
	因停电而停工	12	0.6	
6	由于非施工本身而停工时间小计	108	5.6	
	上午迟到	34	1.7	
	午后迟到	36	1.9	
7	违反劳动纪律时间小计	70	3.6	
Ⅱ	非定额时间合计(B)	557	29	
Ⅲ	总共消耗的时间(C)	1 920	100	

完成定额情况	实际	$\dfrac{60 \times 28.64}{C} \times 100\% = \dfrac{60 \times 28.64}{1\ 920} \times 100\% = 89.5\%$
	可能	$\dfrac{60 \times 28.64}{A} \times 100\% = \dfrac{60 \times 28.64}{1\ 363} \times 100\% = 126\%$

工作日写实结果表的填写方法为:

① 根据观测资料将定额时间和非定额时间的消耗(以 min 为单位)填入"时间消耗"栏内,并分别合计和总计。

② 根据各定额时间和非定额时间的消耗量与时间总消耗量分别计算各部分的百分率。

③ 将工作日内完成产品的数量统计后,填入完成情况表中的完成产品数量。

④ 与现行定额比较计算出实际和可能的定额完成情况。

⑤ 将施工过程中的问题与建议填入表内。

复习思考题

1. 什么叫施工过程?施工过程如何分类?请举实例说明施工过程如何划分。

2. 工人工作时间如何分类？它们的大小各与哪些因素相关？

3. 什么叫计时观察法？计时观察法的主要用途表现在哪些方面？

4. 简述计时观察法的主要步骤。

5. 计时观察法的主要内容和要求有哪几项？

6. 测时法适用于什么性质的施工过程？测时法主要研究哪些时间消耗？

7. 什么叫定时点？定时点的要求是什么？

8. 接续测时法和选择测时法在延续时间的获得上有什么不同？试计算表 2-3 中"卸料"这一组成部分各循环的延续时间。

9. 为什么要确定测时法的测时次数？根据你计算的延续时间结果，对表 2-3 中"卸料"这一组成部分的测时数据，进行测时次数判断。

10. 测时数据整理的原则是什么？根据你结算的延续时间结果，试对表 2-3 中"卸料"这一组成部分的测时数据，进行测时数据整理。

11. 什么叫数示法？数示法适用于什么性质的施工过程？

12. 试描述表 2-6 中第三、六、十一栏的时间数据是如何得来的。

13. 什么叫图示法？图示法相比数示法有什么优点？

14. 试描述表 2-7 中工人王××在观察测时的 60 min 时间内的工作内容。

15. 什么叫混合法？混合法的特点是什么？

16. 图示法和混合法哪一种能明确看出在每个时间点上每个观察对象的工作内容？

17. 什么叫工作日写实法？运用工作日写实法的目的是什么？工作日写实法有哪些分类？

18. 工作日写实法的基本要求是什么？

19. 工作日写实法的实施步骤有哪几个阶段？工作写实前的准备工作包括哪几个方面？

20. 工作日写实记录完成后，如何对观测表格进行整理分析？

模块三

人工消耗量的确定

学习目标

1. 了解劳动定额的表现形式。
2. 学会使用全国统一劳动定额。
3. 掌握定额人工消耗量的确定方法。

素养目标

培养奋斗、创新的劳动精神和精益求精的工匠精神。

知识点

时间定额和产量定额、定额工作延续时间、技术测定法、比较类推法、统计分析法、劳动定额应用。

子目一　时间定额和产量定额

驱动任务

能熟练进行时间定额和产量定额的转换。

思考讨论

编制时间定额和产量定额分别需要知道哪些条件？
劳动定额的基本表现形式分为时间定额和产量定额。

微课
人工消耗定额的概念及编制方法

1. 时间定额

时间定额是指在正常生产技术组织条件和合理的劳动组织条件下,某工种、某种技术等级的工人小组或个人,完成单位合格产品所必须消耗的工作时间。

时间定额以"工日"为计量单位,如工日/m³、工日/m²、工日/m、工日/t、工日/座等,每个工日的工作时间按现行制度规定为 8 h。其计算公式为

$$单位产品的时间定额(工日) = \frac{1}{每工日的产量}$$

工人小组配合机械作业时,小组时间定额的计算公式为

$$单位产品的时间定额(工日) = \frac{小组成员人数}{台班产量}$$

2. 产量定额

产量定额是指在正常的生产技术组织条件和合理的劳动组织条件下,某工种、某技术等级的工人小组或个人,在单位时间内(工日)所应完成的合格产品数量。

产量定额以"产品的单位"为计量单位,如 m³/工日、m²/工日、m/工日、t/工日、块(件)/工日等,其计算公式为

$$每工日的产量定额 = \frac{1}{单位产品的时间定额(工日)}$$

工人小组配合机械作业时,机械台班产量的计算公式为

$$每工日的产量定额 = \frac{小组成员人数}{人工时间定额}$$

3. 时间定额与产量定额的关系

时间定额与产量定额互为倒数,即

$$时间定额 = \frac{1}{产量定额}$$

或
$$时间定额 \times 产量定额 = 1$$

【例 3-1】　某机械的计量单位为 100 m³/台班,机械的台班产量为 18.6,小组成员 3 人,试计算每 100 m³ 的机械时间定额和人工时间定额。

解:

$$机械时间定额 = \frac{1}{每工日产量} = \frac{1}{18.6} 台班 = 0.05 台班$$

$$人工时间定额 = \frac{小组成员人数}{台班产量} = \frac{3}{18.6} 工日 = 0.16 工日$$

子目二　定额工作延续时间

驱动任务

能熟练分辨定额时间与非定额时间。

思考讨论

哪些时间应计入定额时间?

研究施工过程中的工作时间及其特点,并对工作时间的消耗进行科学分类,是制定劳动定额的基本内容之一。

工人在工作班内从事施工过程中的时间消耗有些是必须的,有些则是损失掉的。按其消耗性质可以分为两大类:必须消耗的时间(定额时间)和损失时间(非定额时间),如图2-6所示。

其中,应纳入定额中的工作延续时间为必须消耗的时间,即基本工作时间、辅助工作时间、准备与结束时间、不可避免的中断时间及休息时间。

【例3-2】 编制人工定额时,工人工作必须消耗的时间包括( )。

A. 由于材料供应不及时引起的停工时间

B. 工人擅自离开工作岗位造成的时间损失

C. 准备工作时间

D. 由于施工工艺特点引起的工作中断所必等的时间

E. 工人下班前清洗整理工具的时间

解:选项A属于施工本身造成的停工时间,选项B属于违反劳动纪律损失的时间,选项C、E属于准备与结束时间,选项D属于不可避免的中断时间。所以应选择CDE。

子目三　技术测定法

驱动任务

利用技术测定法编制人工消耗定额。

思考讨论

工人工作时间中,哪些是在编制定额的过程中考虑的时间?哪些是在编制定额的过程中不需要考虑的时间?哪些是适当考虑的时间?

1. 技术测定法的含义

技术测定法是指应用测时法、写实记录法、工作日写实法等几种计时观察法获得的工作时间的消耗数据,进而制定人工消耗定额。应用技术测定法时,先拟定出时间定额,根据时间定额和产量定额互为倒数的关系,即可计算出产量定额。

时间定额是在拟定基本工作时间、辅助工作时间、不可避免的中断时间、准备与结束时间以及休息时间的基础上制定的。

2. 技术测定法的实施过程

(1) 拟定基本工作时间

基本工作时间是必须消耗的工作时间,是所占比重最大、最重要的时间。基本工作时间根据计时观察法来确定。其做法是:首先确定工作过程中每一组成部分的工时消耗,然后综合出工作过程的工时消耗。

（2）拟定辅助工作时间和准备与结束时间

辅助工作时间和准备与结束时间的确定方法与基本工作时间相同,如果这两项工作时间在整个工作班的工作时间消耗中所占比重不超过 5% ～6% ,则可归纳为一项来确定。如果在计时观察时不能取得足够的资料来确定辅助工作时间和准备与结束时间,也可采用经验数据来确定。

（3）拟定不可避免的中断时间

不可避免的中断时间一般根据测时资料,通过整理分析获得。在实际测定时,由于不容易获得足够的相关资料,一般可根据经验数据,以占基本工作时间的一定百分比确定此项工作时间。

在确定这项时间时,必须分析不同的工作中断情况,分别加以对待。由于工艺特点所引起的不可避免中断,可以列入工作过程的时间定额;由于工人任务不均、组织不善所引起的中断,不应列入工作过程的时间定额,而要通过改善劳动组织、合理安排劳力支配来克服。

（4）拟定休息时间

休息时间是工人生理需要和恢复体力所必需的时间,应列入工作过程的时间定额。休息时间应根据工作作息制度、经验资料、计时观察资料以及对工作的疲劳程度通过全面分析来确定,同时应考虑尽可能利用不可避免的中断时间来作为休息时间。

从事不同工程、不同工作的工人,疲劳程度有很大差别。在实际应用中,往往根据工作轻重和工作条件的好坏,将各种工作划分为不同的等级。例如,某规范按工作疲劳程度将其分为轻度、较轻、中等、较重、沉重、最沉重六个等级,它们的休息时间占工作的比重分别为 4.16% 、6.25% 、8.37% 、11.45% 、16.7% 、22.9% 。

（5）拟定时间定额

确定了基本工作时间、辅助工作时间、准备与结束时间、不可避免的中断时间和休息时间后,即可计算劳动定额的时间定额。其计算公式为

$$定额工作延续时间 = 基本工作时间 + 其他工作时间$$

其中　　　　　　其他工作时间 = 辅助工作时间 + 准备与结束时间 +

不可避免的中断时间 + 休息时间

在实际应用中,工作时间一般有以下两种表达方式:

① 其他工作时间以占工作延续时间的比例表达,即

$$定额时间 = \frac{基本工作时间}{1 - 其他各项时间所占百分比}$$

② 其他工作时间以占基本工作时间的比例表达,即

$$定额时间 = 基本工作时间 \times (1 + 其他各项时间所占百分比)$$

3. 案例

【案例 1】　某型钢支架工作,测时资料表明,焊接每吨型钢支架的基本工作时间为 50 h,辅助工作时间、准备与结束时间、不可避免的中断时间、休息时间分别占工作延续时间的 3% 、2% 、2% 、16% 。试确定该支架的人工时间定额和产量定额。

解：

$$工作延续时间 = \frac{50}{1-(3\%+2\%+2\%+16\%)}h = 64.94\ h$$

$$人工时间定额 = \frac{64.94}{8}工日/吨 = 8.12\ 工日/吨$$

$$人工产量定额 = \frac{1}{时间定额} = \frac{1}{8.12}吨/工日 = 0.12\ 吨/工日$$

【案例2】 用计时观察法测得：完成 10 m³ 多孔砖墙的砌筑，工人的基本工作时间为 43.50 h，辅助工作时间、准备与结束时间分别占基本工作时间的 3%、4%，不可避免的中断时间、休息时间分别占延续时间的 2%、15%。试计算砌筑 10 m³ 多孔砖墙的人工时间定额和产量定额。

解：

$$工作延续时间 = \frac{43.5\times(1+3\%+4\%)}{1-(2\%+15\%)}h = 56.08\ h$$

$$人工时间定额 = \frac{56.08}{8}工日/10\ m^3 = 7.01\ 工日/10\ m^3$$

$$人工产量定额 = \frac{1}{时间定额} = \frac{1}{7.01}(10\ m^3/工日) = 0.142(10\ m^3/工日)$$

拓展练习

砌筑 1 m³ 砌块墙的技术测定资料如下：完成 1 m³ 墙体砌筑的基本工作时间为 4.2 h，辅助工作时间、准备与结束时间分别占工作延续时间的 3%、2%，不可避免的中断时间、休息时间分别占基本工作时间的 2%、15%。试计算砌筑 1m³ 砌块墙的人工消耗量。

子目四　比较类推法

驱动任务

利用比较类推法编制人工消耗定额。

思考讨论

利用比较类推法编制人工消耗定额时，对典型定额有什么要求？

1. 比较类推法的含义

比较类推法又称典型定额法，是以某同一类工序、同类型产品定额典型项目的水平或实际消耗的工时定额为标准，经过分析对比，类推出另一种工序、产品定额的水平或时间定额的方法。

比较类推法的计算公式为

$$t = p \times t_0$$

式中　t——比较类推同类相邻定额相同的时间定额；

p——各同类相邻项目耗用时间的比例；

t_0——典型项目的时间定额。

2. 比较类推法的实施过程

① 把产品结构、形状、工艺加工内容相同或相似的零件或工序进行分组排列、分类分型。

② 从各组中分别选择具有代表性的零件或工序做典型。

③ 采用经验估工、统计分析、技术测定、技术计算等方法，制定出典型定额或定额标准。

④ 以此为依据，推算出同类型零件或工序的工时。

3. 比较类推法的优缺点

比较类推法计算简捷而准确，但选择典型定额务必恰当且合理，类推计算结果有的需要做一定调整。这种方法适用于制定规格较多的同类型产品的劳动定额。

4. 案例

《建设工程劳动定额——建筑工程》（LD/T 72.1～11—2008）中，斜梁钢筋制作与绑扎定额就是利用比较类推法方法编制的。表 3-1 为悬臂梁、斜梁钢筋制作与绑扎人工时间定额。

表 3-1　悬臂梁、斜梁钢筋制作与绑扎人工时间定额　　　　　单位：t

定额编号		AG0041	AG0042	AG0043	AG0044	AG0045	序号
项目		悬臂梁		斜梁			
		主筋直径/mm					
		≤25	>25	≤16	≤25	>25	
综合	机制手绑	5.55	4.35	6.78	4.54	3.95	一
	部分机制手绑	6.27	4.92	7.62	5.14	4.47	二
制作	机械	2.35	1.90	2.80	1.99	1.73	三
	部分机械	3.07	2.47	3.64	2.58	2.24	四
手工绑扎		3.20	2.45	3.98	2.56	2.23	五

从以往统计及经验分析得出：斜梁主筋规格"直径>25 mm"制作项目按"直径≤25 mm"项目乘以系数 0.87 获得。代入公式 $t = p \times t_0$ 得出：斜梁主筋规格直径>25 mm"机制手绑"项目的时间定额为 4.54×0.87＝3.95 工日/t，"部分机制手绑"项目的时间定额为 5.14×0.87＝4.47 工日/t。

拓展练习

表 3-2 所示为现浇构件混凝土工程时间定额，已知其中的汽车泵送、现场地泵送、塔吊吊斗送三种输送方式的时间定额采用比较类推法确定，具体方法为：塔吊吊斗送按原标准塔吊直接入模减 0.312 工日（后台用工），汽车泵送按塔吊吊斗送乘以系数 0.85，现场地泵送按塔吊吊斗送乘以系数 0.9。试根据以上说明计算出表 3-2 中空白部分的数据。

表 3-2　柱时间定额　　　　　　　单位:m³

定额编号		AH0023
项目		矩形柱
		周长/m
		≤1.6
机拌机捣	双轮车	1.720
	小翻斗	1.540
	塔吊直接入模	1.280
商品混凝土机捣	汽车泵送	
商品混凝土机捣或集中搅拌机捣	现场地泵送	
	塔吊吊斗送	
机械捣固		1.300

子目五　统计分析法

驱动任务

利用统计分析法编制人工消耗定额。

思考讨论

为什么还要计算二次平均值?

1. 统计分析法的含义

统计分析法是指通过对研究对象的规模、速度、范围、程度等数量关系的分析研究,认识和揭示事物间的相互关系、变化规律和发展趋势,借以达到对事物的正确解释和预测的一种研究方法。

把过去施工中同类工程或生产同类建筑产品的工时消耗加以科学地分析、统计,并结合当前生产技术组织条件的变化因素,进行分析研究、整理和修正。

统计分析法的缺点:由于统计分析资料反映的是工人完成工作时达到的相应水平,在实际统计时没有剔除施工中不利的因素,因而这个水平偏于保守。

可以利用"二次平均法"计算平均先进值,作为确定定额水平的依据。

2. 统计分析法的实施过程

统计分析法的计算步骤如下:

① 剔除统计资料中特别偏高、偏低的明显不合理数据。

② 求第一次平均值,公式为

$$\bar{t}=\frac{t_1+t_2+t_3+\cdots+t_n}{n}=\frac{\sum\limits_1^n t_i}{n}$$

③ 求平均先进值,平均值与数列中小于平均值的各时间定额数值平均相加,再求

其平均值,就是第二平均值,即平均先进值。

$$\overline{t}_0 = \frac{\overline{t}_n + \overline{t}}{2}$$

式中　$\overline{t}_0$——二次平均的平均先进值;

　　　$\overline{t}$——全数值平均值;

　　　$\overline{t}_n$——小于全数值平均值的各数值的平均值。

3. 案例

已知由统计得到的工时消耗数值资料统计数组:5、25、30、40、50、60、40、35、50、60、55、90。试求其平均先进值。

解:① 剔除统计资料中特别偏高、偏低的明显不合理数据 5、90。

② 求第一次平均值:

$$\overline{t} = \frac{25+30+40+50+60+40+35+50+60+55}{10} = 44.5$$

③ 求平均先进值,小于平均值 44.5 的数有 25、30、40、40、35,则

$$\overline{t}_n = \frac{25+30+40+40+35}{5} = 34$$

$$\overline{t}_0 = \frac{\overline{t}_n + \overline{t}}{2} = \frac{44.5+34}{2} = 39.25$$

拓展练习

已知由统计得到的工时消耗数值资料统计数组:15、45、50、60、65、60、40、55、50、70、75、100。试求其平均先进值。

子目六　劳动定额应用案例

驱动任务

以砌筑工程为例,比较劳动定额和本地区的预算定额,分析不同定额在工程量计算规则上有什么不同。

思考讨论

劳动定额中是否已包含了所有直接生产用工?

1.《建设工程劳动定额》概述

《建设工程劳动定额》由住房和城乡建设部、人力资源和社会保障部颁发,于2009年3月10日开始实施。它作为建设行业劳动标准,包括建筑工程、装饰工程、安装工程、市政工程和园林绿化工程,共计5个专业,30项标准。其中:

建筑工程包括:材料运输与加工工程,人工土石方工程,架子工程,砌筑工程,木结构工程,模板工程,钢筋工程,混凝土工程,防水工程,金属结构工程,防腐、隔热、保温工程等11个分册。

装饰工程包括:抹灰与镶贴工程,门窗及木装饰工程,油漆、涂料、裱糊工程,玻璃、幕墙及采光屋面工程等4个分册。

现行《建设工程劳动定额》适用于一般工业与民用建筑、市政基础设施的新建、扩建和改建工程中的建筑工程、装饰工程、安装工程、市政工程和园林绿化工程。

2.《建设工程劳动定额》的主要作用

① 它是施工企业编制施工作业计划、签发施工任务书、考核工效、实行按劳分配和经济核算的依据。

② 它是规范劳务合同的签订和履行,指导施工企业劳务结算与支付管理的依据。

③ 它是编制地区性预算定额与清单计价定额人工标准的基本依据。

④ 它是各地区分布实物工程量人工指导单价的基础。

3.《建设工程劳动定额》的表现形式

现行《建设工程劳动定额》除土方工程和运输项目外,表格的表现形式全部利用单式表,即一个定额编号对应一个定额项目,在表格下面加上必要的附注。表格中若没有分列工序消耗量时间定额,采用综合消耗量时间定额,在项目栏下标注"综合"。

现行劳动定额的劳动消耗量均以"时间定额"表示,以"工日"为单位,每一工日按8 h计算。定额时间由作业时间(基本时间+辅助时间)、作业宽放时间(技术性宽放时间+组织性宽放时间)、个人生理需要与休息宽放时间,以及必须分摊的准备与结束时间等部分组成,即

$$T = T_z + T_{zk} + T_{jxk} + T_{zj}$$

式中　T——定额时间;

　　T_z——作业时间;

　　T_{zk}——作业宽放时间;

　　T_{jxk}——个人生理需要与休息宽放时间;

　　T_{zj}——必须分摊的准备与结束时间。

现行《建设工程劳动定额》的定额编号由6位码标识。例如:加气混凝土砌块墙(厚度>200 mm)项目,定额编号为AD0078,其中第一位大写英文字母A代表建筑工程,第二位大写英文字母D代表建筑工程专业第四分册砌筑工程,0078代表其在砌筑工程分册中的顺序码。

表3-3所示为现行《建设工程劳动定额》建筑工程分册的现浇柱模板工程劳动定额。

表中的数字均为时间定额(工日)。例如,钢筋混凝土矩形柱钢模板安装,每10 m²需1.75工日,拆除需0.752工日,综合2.50工日。

要正确使用现行《建设工程劳动定额》,必须详细阅读总说明、各项标准的适用范围、规范性引用文件、使用规定、工作内容,熟悉施工方法及规定,掌握时间定额表的具体内容。

【例3-3】 已知某工程一层框架间墙体采用混凝土空心砌块进行砌筑,该工程与墙体相关数据如下:

① 二层结构标高为3.57 m,外墙上梁高均为570 mm,内墙上梁高均为400 mm。

表 3-3 现浇柱模板工程劳动定额表

工作内容:熟悉图纸,布置操作地点,领退工具,队组自检互检,机械加油加水,排除一般故障,保养机具,操作完毕后的场地清理,钢模板安装、拆除;木模板、竹模板制作、安装、拆除、再次安装,清理模板、干结水泥及砂浆,模板刷隔离剂等。   单位:10 m²

定额编号	AF0046	AF0047	AF0048	AF0049	AF0050	AF0051
项目	矩形柱					
	周长/m					
	≤1.6			≤2.4		
	钢模板	木模板	竹胶合板	钢模板	木模板	竹胶合板
综合	2.50	2.54	2.46	2.07	2.08	2.01
制作	—	0.871	0.793	—	0.769	0.7
安装	1.75	1.31	1.31	1.45	1.00	1.00
拆除	0.752	0.359	0.359	0.619	0.314	0.314

注:1. 柱模板如带牛腿、方角者,每 10 个,制作增加 2.00 工日,安装〈钢模板包括部分木模制作〉增加 3.00 工日,拆除增加 0.600 工日,工程量与柱合并计算。

2. 柱模板不分门子板式或四块整体板(除钢模板外),均按本标准执行。

② 外墙厚度为 240 mm,外墙长根据图纸计算为 106.64 m,其中有部分为弧形墙,弧形长度为 18.34 m。

③ 内墙厚度为 190 mm,内墙长根据图纸计算为 268.8 m。

④ 所有墙体-0.06 m 处均设置水平防潮层。

问题:

① 完成该工程一层墙体施工,需要多少工日?

② 若每天安排 8 个班组进行施工,每个班组 3 人,多少天才能完成该工程的墙体施工?

解:① 查定额,并了解定额关于砌块墙的相关规定,混凝土砌块墙劳动定额如表 3-4 所示。

表 3-4 混凝土砌块墙劳动定额表   单位:m³

定额编号	AD0077	AD0078	AD0079	AD0080	AD0081	AD0082	序号
项目	加气混凝土砌块		混凝土空心砌块		陶粒混凝土砌块		
	砌体厚度/mm						
	≤200	>200	≤200	>200	≤200	>200	
综合	0.943	0.806	0.902	0.850	0.887	0.821	一
砌筑	0.480	0.343	0.448	0.386	0.425	0.356	二
运输	0.413	0.413	0.404	0.414	0.412	0.415	三
调制砂浆	0.050	0.050	0.050	0.050	0.050	0.050	四

注:砌筑弧形墙时,按相应定额项目乘以系数 1.10。

根据表 3-4,因墙体厚度不同,应分别套用定额 AD0079 和 AD0080,同时,由于外

墙有部分墙体是弧形墙,该部分墙体的人工消耗量需要乘以系数 1.1。综上,应套用的时间定额为:

a. 直行外墙:0.850 工日/m³。

b. 弧形外墙:0.850×1.1 工日/m³＝0.935 工日/m³。

c. 内墙:0.902 工日/m³。

② 计算墙体工程量。

墙体工程量的计算需要按照定额的工程量计算规则进行,在现行劳动定额中,墙体工程量有关计算规则如表 3-5 所示。

表 3-5 墙体工程量有关计算规则

3.3 工程量计算规则

3.3.1 工程量按图示尺寸以体积计算。扣除门窗洞口、过人洞、空圈,嵌入墙内的钢筋混凝土梁、柱、圈梁、挑梁、过梁及凹进墙内的壁龛、管槽、暖气槽、消火栓箱所占体积。不扣除梁头、板头、瘩头、垫木、木楞头、沿缘木、木砖、门窗走头、砖墙内加固钢筋、木筋、铁件、钢管及单个面积≤0.3 m² 的孔洞所占体积。凸出墙面的腰线、挑檐、压顶、窗台线、虎头砖、门窗套的体积亦不增加。凸出墙面的砖垛并入墙体体积内计算。

3.3.2 砌砖墙中已包括钢筋砖过梁、平暄和立好后的门框调直用工。

3.3.3 计算砌块及异形砖体积时,按实砌厚度以体积计算。

3.3.4 砖墙、混凝土砌块墙的基础与墙身划分,以防潮层为界限,无防潮层按室内地坪为界。

根据定额工程量计算规则,一层墙体工程量如下:

直行外墙工程量＝(3.57-0.57+0.06)×(106.64-18.34)×0.24 m³
＝64.848 m³

弧形外墙工程量＝(3.57-0.57+0.06)×18.34×0.24 m³
＝13.469 m³

内墙工程量＝(3.57-0.4+0.06)×268.8×0.19 m³
＝164.963 m³

③ 计算总工日数:

总工日数＝(0.850×64.848+0.935×13.469+0.902×164.963)工日
＝216.511 工日

④ 计算施工天数,每天有 8×3＝24 名工人在进行施工,所以

施工天数＝216.511÷24≈9 天

则完成该工程一层砌块墙的施工需要 9 天。

拓展练习

某工程一楼层有现捣矩形柱,设计断面为 500 mm×500 mm,柱混凝土体积为 130 m³,施工商品混凝土机捣、塔吊吊斗送。每天有 25 名专业工人投入混凝土浇捣。试根据现行劳动定额计算完成该工程柱浇捣所需的定额施工天数。

复习思考题

1. 什么是时间定额、产量定额?

2. 时间定额和产量定额之间的关系是什么？

3. 简述技术测定法、比较类推法、统计分析法的特点。

4. 有工时消耗统计数组：35、40、60、55、65、65、50、40、90、55，试求平均先进值。

5. 工人在工作班内消耗的时间有哪些？哪些计入必须消耗的时间？哪些计入损失的时间？

6. 有效工作时间分为哪几类？请举例说明。

7. 什么是多余工作时间？什么是偶然工作时间？请举例说明。

8. 停工时间分为哪几类？请举例说明。

9. 已知完成框架梁中直径≤20 mm 的主筋的绑扎，每吨需要消耗基本工作时间42.7h，准备与结束、不可避免中断时间、辅助工作时间分别占工作延续时间的3%、3%、5%，休息时间占基本工作时间的16%。试计算每吨钢筋绑扎的人工时间定额和产量定额。

10. 如下表所示劳动定额为预制构件吊车梁工程时间定额，已知，吊车梁>0.8 m，加工厂预制机械捣固，其中的小翻斗、矿车、龙门桁架三种方式的时间定额采用比较类推法确定，具体方法为小翻斗车按原标准双轮车减 0.160 工日，矿车按双轮车乘 0.673 系数，龙门桁架按双轮车乘 0.564 系数。请根据以上说明完成表中空白部分数据。

定额编号			AH0138	AH0159
项目			吊车梁	
			≤0.8 m	>0.8 m
现场预制	机拌机捣	双轮车	1.080	0.810
		小翻斗	0.860	0.590
加工厂预制	机械捣固	双轮车	0.710	0.550
		小翻斗	0.440	
		矿车	0.420	
		龙门桁架	0.350	

模块四

材料消耗量的确定

学习目标

1. 掌握材料消耗定额的相关概念。
2. 掌握周转材料定额消耗量的确定。
3. 熟练掌握非周转材料定额消耗量的确定。

素养目标

培养实事求是的基本职业素养。

知识点

材料消耗定额的基本概念、材料消耗量的确定方法。

子目一　材料消耗定额

驱动任务

根据《建筑材料》相关知识,列举出非周转材料和周转材料。

思考讨论

非周转材料和周转材料各有什么特点?这些特点是否会导致确定材料消耗定额的方法不同?

1. 材料消耗定额的基本概念

材料消耗定额是指在合理和节约使用材料的前提下,完成单位数量的合格建筑产

 微课

材料消耗定额的概念、组成及编制方法

品所必须消耗的建筑材料(包括原材料、半成品、成品、配件、燃料、水、电)的数量标准。

　　建筑材料是消耗于建筑产品中的物化劳动,建筑材料的品种繁多,耗用量大,在一般的工业和民用建筑中,材料的费用占工程成本的 60%～70%。材料消耗量多少、消耗是否合理,直接关系到资源是否有效利用,对建筑工程的造价确定和成本控制有决定性影响。

　　材料消耗定额中的消耗数量标准,为调控材料消耗量提供参考依据。材料消耗定额是控制材料需用量计划、运输计划、供应计划、计算材料仓库面积大小的依据,也是企业对工人签发限额材料单和材料核算的依据。制定合理的材料消耗定额,是组织材料的正常供应、保证生产顺利进行、资源合理利用的必要前提,也是反映建筑安装生产技术管理水平的重要依据。

2. 材料消耗定额的组成

　　材料消耗定额中必须消耗的材料包括材料净用量和材料损耗量。

　　材料净用量是指直接用于建筑工程实体的材料用量,净用量的计算依据通常是最后的产品,而不是生产产品的过程。

　　材料损耗量包括不可避免的施工废料和不可避免的材料损耗,如图 4-1 和图 4-2 所示。

图 4-1　不可避免的施工废料

图 4-2　不可避免的材料损耗

拓展练习

请分别列举出在建筑工程项目中还存在着不可避免的施工废料和不可避免的材料损耗的工序。

材料的消耗量由材料净用量和材料损耗量组成。其计算公式为

材料消耗量 = 材料净用量 + 材料损耗量

材料损耗量用材料损耗率(%)来表示,即材料的损耗量与材料净用量的比值,可表示为

材料损耗率 = (材料损耗量/材料净用量)×100%

材料损耗率确定后,材料消耗定额也可表示为

材料消耗量 = 材料净用量×(1+材料损耗率)

备注:上述关于材料损耗率的计算是参考《浙江省房屋建筑与装饰工程预算定额》中的规定。不同的地区对于材料损耗率的规定是不一样的,有些地区的材料损耗率是指材料损耗量与材料消耗量的比值。

【例4-1】　完成 10 m³ 砖墙砌筑的砖净用量为 10 000 块,有 500 块的损耗量,则完成 1 m³ 砖墙砌筑所用砖块的损耗率和消耗量分别为多少?

解:材料损耗率 = (材料损耗量/材料净用量)×100% = (500/10 000)×100% = 5%

完成 10 m³ 砖墙砌筑砖块的消耗量 = 净用量+损耗量 = (10 000+500)块 = 10 500 块

完成 1 m³ 砖墙砌筑砖块的消耗量 = 1 050 块

表4-1所示为建筑工程主要材料损耗率取定表。

表4-1　建筑工程主要材料损耗率取定表

材料名称	工程部位及用途	损耗率/%
钢筋 10 mm 以内	现浇构件	2.00
钢筋 10 mm 以上	现浇构件	2.50
预制混凝土 PC 构件	装配式构件安装	0.50
灌浆料	装配式构件安装	5.00
立支撑杆件	装配式构件安装	4.00
斜支撑杆件	装配式构件安装	4.00
高强钢丝	后张法预应力	2.50
钢丝束、钢绞线	后张法预应力	2.50
铝模	铝模工程	1.00
商品混凝土	现浇构件	1.00
混凝土多孔砖	砌墙	2.50
烧结多孔砖	砌墙	2.00
蒸压多孔砖	砌墙	2.50
烧结空心砖	砌墙	3.00
轻集料混凝土类空心砌块	砌墙	3.00
混凝土小型砌块	砌墙	1.00
蒸压加气混凝土类砌块	砌墙	5.00

子目二　材料消耗定额编制——非周转材料定额消耗量的确定

驱动任务

如果采用 240 mm×115 mm×53 mm 的混凝土实心砖砌筑 240 mm 厚的 1 m³ 墙体，该规格的混凝土实心砖的净用量是多少？

思考讨论

砌同样墙厚的砌体，如果采用的砖或砌块的规格不同，材料消耗量有没有影响？对应的砂浆的消耗量有没有影响？如果砖或砌块的规格不变，砂浆强度等级发生变化，材料消耗量有没有影响？

根据建筑材料消耗工艺的不同，可将建筑材料分为非周转材料和周转材料两大类。由于这两类建筑材料消耗的特点不同，因此在确定材料消耗定额的方法上也存在区别。

非周转材料又称直接性消耗材料或一次性消耗材料，它是指在建筑工程施工中，一次性消耗并直接用于组成工程实体的材料，如砖、砂、石、钢筋、水泥、砂浆、混凝土等。

非周转材料通常用现场观察法、实验室试验法、统计分析法和理论计算法等方法来确定建筑材料的净用量和损耗量。

1. 现场观察法

现场观察法是指在合理使用材料的条件下，对施工中实际完成的建筑产品数量和所消耗的各种材料数量进行现场观察测定的方法，故又称施工试验法，如图 4-3 所示。

图 4-3　现场观察工人铺贴地砖

测编人员需要抵达施工现场对施工过程进行现场实地观察，观察过程中记录并区别哪些材料是施工过程中可以避免的损耗，不应计入定额内；哪些材料是施工过程中不可避免的损耗，应计入定额内，并测定出合理的材料损耗的具体数值，经过多个案例观察及数据的整理,根据材料消耗量组成的原理,制定出相应的材料消耗定额。

利用现场观察法确定材料消耗定额,需要注意的是选择典型的工程项目,其施工技术、组织及产品质量均要符合技术规范的要求;材料的品种、型号、质量也应符合设计要求。同时,在观察前要充分做好准备工作,如选用标准的运输工具和计量工具、减少材料的损耗、挑选合格的建筑工人等。

这种方法的优点是能通过现场观察、测定,得到产品产量和材料消耗情况,直观、操作简单,能为编制材料定额提供技术依据。此方法通常用于制定材料的损耗量。

2. 实验室试验法

实验室试验法是指专业材料试验人员通过试验仪器设备进行试验和测定数据,来确定材料消耗定额的一种方法,如图4-4所示。

图4-4　测定材料消耗定额的实验室

这种方法一般适用于在实验室条件下测定混凝土、沥青、砂浆、油漆涂料等需要进行配合比设计的半成品材料中的原材料消耗数量。由于实验室工作条件与现场施工条件存在一定的差别,在实验室条件下不能充分考虑施工中的许多客观因素对材料消耗量的影响。因此在用于施工生产时,应加以必要调整,方可作为定额数据。

3. 统计分析法

统计分析法是指依据现场施工中分部分项工程消耗的材料数量、完成的分部分项工程量、施工后剩余的材料数量等大量的统计资料(包括工地的施工任务单、限额领料单等有关记录资料),进行统计、整理和分析,进而编制材料消耗定额的方法。

仅凭统计资料并不能将施工过程中材料的合理消耗和不合理消耗区别开来,因而此方法不能作为确定材料净用量定额和材料损耗量定额的依据。但是,可以根据现场材料的统计资料获取周转材料的周转次数。

4. 理论计算法

理论计算法是指根据设计图、施工规范及材料规格,运用一定的科学理论计算式,计算材料消耗量的方法。

这种方法主要适用于计算按件论块的现成制品材料。例如,砌砖工程中的砖、块料镶贴中的块料(如瓷砖、面砖、大理石、花岗石等)。这种方法比较简单,先按一定公式计算出材料净用量,再根据损耗率计算出损耗量,然后将两者相加即为材料消耗量。

（1）1 m³ 砖石砌筑工程中砖和砂浆净用量的计算

多孔砖砌筑墙体、砌筑砂浆如图 4-5 和图 4-6 所示。

图 4-5　多孔砖砌筑墙体

图 4-6　砌筑砂浆

$$1 \text{ m}^3 \text{ 砖石砌筑工程中砖的净用量（块数）} = \frac{2k}{\text{墙厚} \times (\text{砖长} + \text{灰缝}) \times (\text{砖宽} + \text{灰缝})}$$

1 m^3 砖石砌筑工程中砂浆的净用量（m³）＝（1−砖的净用量×每块砖体积）×1.07

式中　k——墙厚对应的砖数,半砖墙 k 取 0.5,1 砖墙 k 取 1,3/2 砖墙 k 取 1.5;

　　　墙厚——墙体的计算厚度,标准砖（240 mm×115 mm×53 mm）砌筑不同墙厚的墙体,

　　　　　　墙体计算厚度按表 4-2 取定;

　　　1.07——砂浆的折算系数。

表 4-2　墙体的计算厚度

砖规格 240 mm× 115 mm×53 mm	1/4 砖	1/2 砖	3/4 砖	1 砖	3/2 砖	2 砖	5/2 砖	3 砖	7/2 砖
墙厚/mm	53	115	180	240	365	490	615	740	865

【例 4-2】　计算 1 砖（240 mm×115 mm×53 mm）标准砖墙砌筑 1 m³ 砌体的砖和砂浆消耗量。已知砖的损耗率为 1%，砂浆的损耗率为 1%。

解：

砖的净用量 = （2×1）/（0.24×0.25×0.063） = 529.1 块

砖的消耗量 = 529.1×（1+1%） = 534.4 块

砂浆的净用量 = （1-0.24×0.115×0.053×529.1）×1.07 m³ = 0.242 m³

砂浆的消耗量 = 0.242×（1+1%）m³ = 0.244 m³

经计算得出，1 砖（240 mm×115 mm×53 mm）标准砖墙砌筑 1 m³ 砌体需消耗标准砖 535 块，砂浆 0.244 m³

拓展任务

某工程墙体设计厚度为 190 mm，采用 240 mm×190 mm×90 mm 的混凝土多孔砖进行砌筑，砖的损耗率为 2.5%；砂浆采用干混砌筑砂浆，其在多孔砖墙中的损耗率为 5%。试计算完成 10 m³ 该墙体的砌筑，砖及砂浆的消耗量（灰缝 10 mm，砂浆的折算系数为 1.07）。

（2）100 m² 块料铺贴工程中块料和砂浆净用量的计算

块料铺贴工程中砂浆的用量由两部分组成，一部分是灰缝砂浆的用量，另一部分是黏结层砂浆的用量。

100 m² 块料铺贴工程中：

$$块料的净用量（块） = \frac{100}{（块料长+灰缝）×（块料宽+灰缝）}$$

$$灰缝砂浆的净用量（m³） = （100-块料长×块料宽×块数）×块料厚度$$

$$黏结层砂浆的净用量（m³） = 100×黏结层厚度$$

其中，灰缝宽度和黏结层厚度均以设计要求为准。

【例 4-3】　灰缝 8 mm，铺贴 250 mm×300 mm 地砖，地砖厚度为 8 mm。用干混地面砂浆嵌缝，20 mm 干混砂浆黏结层，地砖损耗率为 3%，砂浆损耗率为 2%。试计算每 100 m² 地砖铺设中，地砖（块数）以及嵌缝砂浆、黏结层砂浆的消耗量（m³）。

解： 地砖净用量 $= \dfrac{100}{（块料长+灰缝）×（块料宽+灰缝）}$

$$= \frac{100}{（0.25+0.008）×（0.3+0.008）}$$

$$= 1\,258.43 \text{ 块}$$

地砖消耗量 = 净用量×（1+损耗率） = 1 258.43×（1+3%） = 1 296.18 ≈ 1 296 块

嵌缝砂浆净用量 = （100-块料长×块料宽×块数）×块料厚度

$$= （100-0.3×0.25×1\,258.43）×0.008 \text{ m}³$$

$$= 0.045 \text{ m}³$$

黏结层砂浆净用量 = 100×黏结层厚度 = 100×0.02 m³ = 2.000 m³

砂浆净用量 = （0.045+2.000）m³ = 2.045 m³

砂浆消耗量 = 净用量×（1+损耗率） = 2.045×（1+2%）m³ = 2.086 m³

完成 100 m² 地砖铺设（灰缝 8 mm，铺贴 250 mm×300 mm×8 mm 地砖）需要消耗地砖 1 296 块，干混砂浆 2.086 m³。

子目三　材料消耗定额编制——周转材料定额消耗量的确定

驱动任务

周转材料有哪些？其消耗量如何确定？

思考讨论

复合木模摊销量的计算与铝模摊销量的计算有什么区别？

周转材料不构成工程实体，在施工中不是一次性消耗，而是多次重复使用，会随着多次使用而逐渐消耗，并在使用过程中不断补充。如各种模板、脚手架、支撑、活动支架、跳板等，如图 4-7 和图 4-8 所示。

图 4-7　现场堆放的复合模板

图 4-8　复合木模施工

周转材料消耗定额应按照多次使用、分期摊销的方式进行计算。现以钢筋混凝土模板为例，介绍周转材料摊销量的计算方法。

1. 现浇钢筋混凝土构件周转材料（复合木模）摊销量计算

复合木模作为现浇钢筋混凝土构件的分项工程，在周转过程中消耗的主要材料是复合模板，对应消耗量的单位为 m^2。

（1）材料一次使用量

材料一次使用量是指周转材料在不重复使用条件下的一次性用量,通常根据选定的结构设计图进行计算。

材料一次使用量=混凝土构件模板接触面积×每1 m²接触面积模板用量×（1+损耗率）

（2）材料周转次数

材料周转次数是指周转材料从第一次开始使用起到报废为止,可以重复使用的次数。其数值一般采用现场观察法或统计分析法来测定。

（3）材料补损量

材料补损量是指周转材料每周转使用一次的材料损耗,即在第二次和以后各次周转中为了修补难于避免的损耗所需要的材料消耗,通常用补损率（%）来表示。

补损率的大小主要取决于材料的拆除、运输和堆放的方法,以及施工现场的条件。一般情况下,补损率随着周转次数增多而增大,所以一般采取平均补损率来计算。其计算公式为

$$补损率(\%)=\frac{平均每次损耗量}{一次使用量}\times100\%$$

（4）材料周转使用量

材料周转使用量是指周转材料在周转使用和补损条件下,每周转使用一次平均需要的材料数量。其计算公式为

$$材料周转使用量=一次使用量\times\frac{1+(周转次数-1)\times补损率}{周转次数}$$

（5）材料回收量

材料回收量是指周转材料每周转使用一次平均可以回收材料的数量。这部分材料回收量应从摊销量中扣除,通常可规定一个合理的报价率进行折算。其计算公式为

$$材料回收量=一次使用量\times\frac{1-补损率}{周转次数}\times折旧率$$

（6）材料摊销量

材料摊销量是指周转材料在重复使用的条件下,分摊到每一计量单位的施工过程的材料消耗量。这是应纳入定额的实际周转材料消耗的数量。其计算公式为

材料摊销量=周转使用量-材料回收量

$$=一次使用量\times\left[\frac{1+(周转次数-1)\times补损率-(1-补损率)\times折旧率}{周转次数}\right]$$

其中,$\left[\dfrac{1+(周转次数-1)\times补损率-(1-补损率)\times折旧率}{周转次数}\right]$又称摊销系数。

【例4-4】 根据选定的某现浇钢筋混凝土梁设计图测算,每100 m²混凝土矩形梁复合木模施工过程中复合模板的施工损耗率为5%,周转次数为5次,补损率为15%,折旧率为80%。试计算100 m²混凝土矩形梁复合木模的复合模板摊销量。

分析:研究对象为100 m²混凝土矩形梁复合木模,消耗的周转材料是复合模板。

解:复合模板的一次使用量=混凝土构件模板接触面积×

每1 m²接触面积模板用量×（1+损耗率）

=100×（1+5%）m²

$$= 105 \text{ m}^2$$

$$复合模板的周转使用量 = 一次使用量 \times \frac{1+(周转次数-1) \times 补损率}{周转次数}$$

$$= 105 \times \frac{1+(5-1) \times 15\%}{5} \text{ m}^2$$

$$= 33.600 \text{ m}^2$$

$$复合模板的回收量 = 一次使用量 \times \frac{1-补损率}{周转次数} \times 折旧率$$

$$= 105 \times \frac{1-15\%}{5} \times 80\% \text{ m}^2$$

$$= 14.280 \text{ m}^2$$

$$材料摊销量 = 周转使用量 - 材料回收量$$

$$= (33.600-14.280) \text{ m}^2$$

$$= 19.320 \text{ m}^2$$

即完成 100 m^2 混凝土矩形梁复合木模需要消耗复合模板 19.320 m^2。

2. 现浇钢筋混凝土构件周转材料(铝合金模板、组合钢模)摊销量计算

铝合金模板全称为混凝土工程铝合金模板,简称铝模,是继胶合板模板、组合钢模板体系、钢框木(竹)胶合板体系、大模板体系、早拆模板体系后的新一代模板系统。铝合金模板是以铝合金型材为主要材料,经过机械加工和焊接等工艺制成的适用于混凝土工程的模板,并按照 50 mm 模数设计,由面板、肋、主体型材、平面模板、转角模板、早拆装置组合而成。铝合金模板的设计和施工应用是混凝土工程模板技术上的革新,也是装配式混凝土技术的推动,更是建造技术工业化的体现。铝合金模板在施工过程中消耗的主要周转材料是铝模板,对应消耗量的单位为 kg,如图 4-9 所示。

图 4-9 楼板铝合金模板施工

因铝模板在工厂根据施工深化的配板图加工后运至工地现场进行安装,且周转次数一般多达 90 次,在周转过程中补损很小,在计算铝合金模板摊销量时,一般忽略不计。因此,不考虑补损的铝模板和组合钢模板的材料摊销量计算公式为

$$周转材料摊销量=\frac{100\ m^2\ 模板工程的材料一次使用量×(1+施工损耗率)}{周转次数}$$

铝合金模板周转次数及施工损耗率如表4-3所示。

表4-3　铝合金模板周转次数及施工损耗率

序号	材料名称	周转次数/次	施工损耗率/%
1	铝模板	90	1
2	铁背楞	90	1
3	支撑	90	1
4	对拉螺栓	50	2
5	销钉销片	25	2

【例4-5】　根据选定的某现浇钢筋混凝土设计图测算,每100 m² 楼板铝模板一次需要铝合金模板2 890 kg,试计算铝合金模板摊销量。

解:根据铝合金模板摊销量计算公式:

$$铝合金模板摊销量=\frac{100\ m^2\ 模板工程的材料一次使用量×(1+施工损耗率)}{周转次数}$$

$$=\frac{2\ 890×(1+1\%)}{90}\ kg$$

$$=32.432\ kg$$

即完成100 m² 楼板铝模板需要消耗铝合金模板32.432 kg。

复习思考题

1. 完成10 m³ 砖墙砌筑需消耗砖净用量10 000 块,有500 块损耗量,分别计算材料损耗率和材料消耗定额。

2. 在先张高强钢丝项目中,预应力钢筋的消耗量为500 t,损耗率为9%,计算钢筋的净用量。

3. 计算1砖半(240 mm×115 mm×53 mm)标准砖墙砌筑1 m³ 砌体砖和砂浆消耗量。已知砖损耗率为1%,砂浆损耗率为1%。

4. 墙面砖规格为240 mm×60 mm×6 mm,灰缝为5 mm,其损耗率为1.5%,试计算100 m² 墙面砖消耗量。

5. 用于混凝土抹灰,砂浆贴200 mm×300 mm瓷砖,密缝铺贴,假设瓷砖损耗率为8%,计算100 m² 瓷砖墙面的瓷砖消耗量。

6. 用于混凝土抹灰,砂浆贴200 mm×300 mm瓷砖,墙面灰缝宽5 mm,假设瓷砖损耗率为8%,计算100 m² 瓷砖墙面的瓷砖消耗量。

7. 钢筋混凝土圈梁按选定的模板设计图纸,每10 m³ 混凝土模板接触面积98 m²,每10 m² 接触面积需木方板材0.751 m³,损耗率为5%,周转次数8,每次周转补损率为10%,试计算模板摊销量。

学习目标

1. 了解机械台班消耗定额的表现形式。
2. 掌握定额机械台班消耗量的确定。

素养目标

培养科学严谨、认真、精益求精的工匠精神。

知识点

机械工作时间分析、机械台班消耗定额的表现形式、机械台班定额消耗量的确定。

子目一　机械工作时间

驱动任务

对任一施工机械的工作时间进行分析。

思考讨论

机械工作时间中,哪些是在编制定额的过程中考虑的时间？哪些是在编制定额的过程中不需要考虑的时间？哪些是适当考虑的时间？

1. 机械工作时间的分类

其分类如图5-1所示。

微课
机械台班消耗定额的概念及编制方法

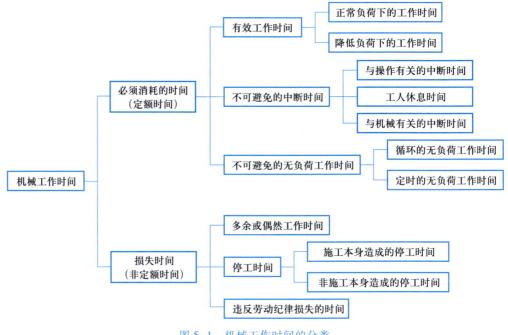

图 5-1　机械工作时间的分类

2. 机械工作时间的组成

（1）必须消耗的时间（定额时间）

① 有效工作时间。它包括正常负荷下的工作时间和降低负荷下的工作时间。

a. 正常负荷下的工作时间。它是指机械在与机械说明书规定负荷相符的正常负荷下进行工作的时间。

b. 降低负荷下的工作时间。它是指由于施工管理人员或工人的过失以及机械陈旧或发生故障等原因，使机械在降低负荷的情况下进行工作的时间。

② 不可避免的中断时间。它是指由于施工过程的技术和组织的特征造成的机械工作中断时间，包括与操作有关的中断时间、与机械有关的操作时间和工人休息时间。

a. 与操作有关的中断时间。通常有循环的和定时的两种。循环的是指在机械工作的每一个循环中重复一次，如汽车装载、卸货的停歇时间。定时的是指经过一定时间重复一次，如喷浆机喷白，从一个工作地点转移到另一个工作地点时，喷浆机工作的中断时间。

b. 与机械有关的中断时间。它是指用机械进行工作，人在准备与结束工作时使机械暂停的中断时间，或者在维护保养机械时必须使其停转所发生的中断时间。前者属于准备与结束工作的不可避免中断时间；后者属于定时的不可避免中断时间。

c. 工人休息时间。它是指工人必需的休息时间。

③ 不可避免的无负荷工作时间。它是指由于施工过程的特性和机械结构的特点造成的机械无负荷工作的时间，一般分为循环的和定时的两类。

a. 循环的无负荷工作时间。它是指由于施工过程的特性引起的空转所消耗的时间。它在机械工作的每一个循环中重复一次，如铲运机返回到铲土地点。

b. 定时的无负荷工作时间。它是指发生在载重汽车或挖土机等工作台中的无负荷工作时间,如工作班开始和结束时来回无负荷的空行或工作地点转移所消耗的时间。

（2）损失时间（非定额时间）

① 多余或偶然工作时间。多余或偶然的工作有两种情况:一是可避免的机械无负荷工作,是指工人没有及时供给机械用料引起的空转;二是机械在负荷下所做的多余工作,如搅拌混凝土时超过规定的搅拌时间,即属于多余工作时间。

② 停工时间。按其性质又可分为以下两种:

a. 施工本身造成的停工时间。它是指由于施工组织不善引起的机械停工时间,如临时没有工作面,未能及时供给机械用水、燃料和润滑油,以及机械损坏等引起的机械停工时间。

b. 非施工本身造成的停工时间。它是指由于外部的影响引起的机械停工时间,如水源、电源中断(不是由于施工原因),以及气候条件(暴雨、冰冻等)的影响而引起的机械停工时间。

③ 违反劳动纪律损失的时间。它是指由于工人违反劳动纪律而引起的机械停工时间。

子目二　机械台班消耗定额

驱动任务

利用机械台班产量定额编制机械台班时间定额。

思考讨论

机械台班定额的表现形式与人工消耗量定额的表现形式有什么不同?

1. 机械台班消耗定额的含义

机械台班消耗定额是指在正常施工、合理的劳动组织和合理使用施工机械的条件下,生产单位合格产品所必需的一定品种、规格施工机械作业时间的消耗标准。

根据计时观察法,获得机械工作时间消耗数据及对应的工程量,通过整理与分析,拟定合理的产量定额,计算得到时间定额,然后分类列项编制机械台班消耗量。

2. 机械台班消耗定额的表现形式

机械台班消耗定额的表现形式有以下几种。

（1）机械时间定额

它是指在正常的施工条件和合理的劳动组织下,完成单位合格产品所必须消耗的机械台班数量,用公式表示为

$$机械时间定额 = \frac{1}{机械台班产量定额}$$

（2）机械台班产量定额

它是指在正常的施工条件和合理的劳动组织下,在一个台班时间内必须完成的单位合格产品的数量,用公式表示为

$$机械台班产量定额 = \frac{1}{机械时间定额}$$

机械时间定额与机械台班产量定额互为倒数。

（3）机械台班人工配合定额

它是指机械和人工共同工作时的人工定额,用公式表示为

$$时间定额 = \frac{机械台班内工人的总数}{机械的台班产量}$$

$$台班产量定额（人工配合） = \frac{机械台班内工人的总工日数}{机械时间定额}$$

【例 5-1】　用塔式起重机安装某混凝土构件,由 1 名吊车司机、6 名安装起重工、3 名电焊工组成的小组共同完成。已知机械台班产量定额为 50 根,试计算吊装每一根构件的机械时间定额、人工时间定额和台班产量定额（人工配合）。

解: ① 吊装每一根构件的机械时间定额:

$$机械时间定额 = \frac{1}{机械台班产量定额} = \frac{1}{50}台班 = 0.02\ 台班$$

② 吊装每一根构件的人工时间定额:

$$人工时间定额 = \frac{1+6+3}{50}工日/根 = 0.2\ 工日/根$$

③ 台班产量定额（人工配合）:

$$台班产量定额（人工配合） = \frac{1}{0.2}根/工日 = 5\ 根/工日$$

子目三　机械台班定额消耗量的确定

驱动任务

利用机械台班定额消耗量编制机械台班消耗定额。

思考讨论

机械循环时间的确定中,如何区分"不可避免的中断时间"和"停工时间"。

1. 机械台班消耗定额的编制

（1）拟定机械工作的正常施工条件

机械工作与人工操作相比,其劳动生产率与其施工条件密切相关,拟定机械施工条件,主要是拟定工作地点的合理组织与合理的工人编制。

① 工作地点的合理组织。就是对施工地点和材料的放置位置、工作操作场所做出科学的布置和空间安排,尽可能做到最大限度地发挥机械的效能,减少工人的劳动强度与时间。

② 拟定合理的工人编制。就是根据施工机械的性能和设计能力、工人的专业分工和劳动工效,合理确定能保持机械正常生产率和工人正常劳动工效的工人的编制人数。

（2）确定机械纯工作 1 h 正常生产率

机械纯工作时间就是机械必须消耗的时间。机械纯工作 1 h 正常生产率就是在正常施工组织条件下，具有必需的知识和技能的技术工人操纵机械工作 1 h 的生产率。根据机械工作特点的不同，机械纯工作 1 h 正常生产率的确定方法也有所不同，经常把建筑机械分为循环动作机械和连续动作机械两种类型。

① 循环动作机械。循环动作机械是指机械重复、有规律地在每一周期内进行同样次序的动作，如塔式起重机、混凝土搅拌机、挖掘机等。这类机械工作时间正常生产率的计算公式为

一次循环的正常延续时间(s)=∑(循环各组成部分正常延续时间)-重叠时间

纯工作 1 h 循环次数=60×60/一次循环的正常延续时

机械纯工作 1 h 正常生产率=机械纯工作 1 h 正常循环次数×一次循环生产的产品数量

② 连续动作机械。连续动作机械是指机械工作时无规律性的周期界限，不停地做某一动作，如皮带运输机等。其纯工作 1 h 正常生产率的计算公式为

$$连续动作机械纯工作 1 h 正常生产率=\frac{工作时间内生产的产品数量}{工作时间(h)}$$

其中，工作时间内生产的产品数量和工作时间的消耗，要通过多次现场观察和机械说明书来取得数据。

【例 5-2】 已知：某 500 L 混凝土搅拌机，装料用 60 s，搅拌用 85 s，卸料需 25 s，不可避免的中断时间为 15 s，重叠时间为 5 s。试计算其纯工作 1 h 正常生产率。

解：一次循环时间=∑(循环各组成部分正常延续时间)-重叠时间=(60+85+25+15-5)s=180 s

纯工作 1 h 循环次数=60×60/一次循环的正常延续时间=60×60/180=20

机械纯工作 1 h 正常生产率=机械纯工作 1 h 正常循环次数×一次循环生产的产品数量

$$=20×0.5 \ m^3/h=10 \ m^3/h$$

（3）确定机械的正常利用系数

机械的正常利用系数是指机械在工作班内对工作时间的利用率。机械的利用系数和机械在工作班内的工作状况有着密切的关系，其计算公式为

$$机械正常利用系数=\frac{机械在一个工作班内的纯工作时间(h)}{一个工作班延续时间(h)}$$

（4）计算机械台班消耗定额

机械台班消耗定额的计算公式为

机械台班产量定额=纯工作 1 h 正常生产率×工作班纯工作时间

=纯工作 1 h 正常生产率×工作延续时间×机械正常利用系数

$$施工机械时间定额=\frac{1}{机械台班产量定额}$$

2. 案例

已知：某 500 L 混凝土搅拌机，装料用 60 s，搅拌用 85 s，卸料需 25 s，不可避免的中断时间为 15 s，重叠时间为 5 s，投料系数为 0.9；机械的正常利用系数为 0.875。试计算搅拌机的产量定额和时间定额。

解：搅拌机纯工作 1 h 正常生产率=9 m^3/h

搅拌机的台班产量定额 $= 9 \times 8 \times 0.875 \ \text{m}^3 / \text{台班} = 63 \text{m}^3 / \text{台班}$

搅拌机的时间定额 $= 1/63 \ \text{台班}/\text{m}^3 = 0.016 \ \text{台班}/\text{m}^3$

复习思考题

1. 机械工作时间如何分类？

2. 机械工作时间中哪些是在编制定额时需要考虑的时间，哪些是不需要考虑的时间？

3. 什么是机械台班消耗定额？它有几种表现形式？

4. 某工程使用 500 L 混凝土搅拌机搅拌混凝土，每一循环工作时间如下：砂、石、水泥采用翻斗车运输，运输时间为 400 s，进料时间为 80 s，混凝土搅拌时间为 289 s，出料时间为 50 s，不可避免中断时间为 60 s，搅拌机的投料系数为 0.95，机械时间利用系数为 0.8。

试计算完成如下任务：

（1）计算每 1 m³ 混凝土搅拌机的台班时间定额和产量定额。

（2）如翻斗车运输时间为 540 s，则每 1 m³ 混凝土搅拌机台班时间定额和产量定额是否有变化？如有变化，应该为多少？

（3）若该工程混凝土总需要量为 360 m³，现根据施工进度安排，需要在 4 天内完成混凝土的浇捣，则每天应安排该型号搅拌机多少台？（按翻斗车运料时间 400 s 考虑）。

5. 砌筑 1 砖厚蒸压灰砂砖墙的技术测定资料如下：

（1）完成 1 m³ 的砖墙需基本工作时间 15.5 h，辅助工作时间占工作班延续时间的 3%，准备与结束工作时间占 3%，不可避免中断时间占 2%，休息时间占 16%。

（2）砖墙采用 M5 水泥砂浆时，体积与虚体积之间的折算系数为 1.07，砖和砂浆的损耗率均为 1%，完成 1 m³ 砌体需耗水 0.8 m³，其他材料费占上述材料费的 2%。

（3）砂浆采用 400 L 搅拌机现场搅拌，运料 200 s，装料 50 s，搅拌 80 s，装卸 30 s，不可避免中断 10 s，机械利用系数 0.8。试计算砌筑 1 m³ 砖墙的人工、材料、机械台班消耗量。

模块六

工程价格的确定

学习目标

1. 会进行人工单价的确定。
2. 能熟练进行材料价格的确定。
3. 能进行机械台班单价的确定。

素养目标

关注时事,增强成本意识。

知识点

人工单价、材料单价、机械台班单价的组成和确定方法。

子目一　人工单价的组成和确定

驱动任务

什么是工资?

思考讨论

工资的影响因素有哪些?

1. 人工单价的定义

人工单价是指一定技术等级的建筑安装工人一个工作日在计价时应计入的全部

人工费用。

2. 人工单价的组成内容

人工工日单价反映了一定技术等级的建筑安装工人在一个工作日中可以得到的报酬,一般组成如下:

① 计时工资或计件工资:是指按计时工资标准和工作时间或对已做工作按计件单价支付给个人的劳动报酬。

② 奖金:是指对超额劳动和增收节支支付给个人的劳动报酬。如节约奖、劳动竞赛奖等。

③ 津贴补贴:是指为了补偿职工特殊或额外的劳动消耗和因其他特殊原因支付给个人的津贴,以及为了保证职工工资水平不受物价影响支付给个人的物价补贴。如流动施工津贴、特殊地区施工津贴、高温(寒)作业临时津贴、高空津贴等。

④ 加班加点工资:是指按规定支付的在法定节假日工作的加班工资和在法定日工作时间外延时工作的加点工资。

⑤ 特殊情况下支付的工资:是指根据国家法律、法规和政策规定,因病、工伤、产假、计划生育假、婚丧假、事假、探亲假、定期休假、停工学习、执行国家或社会义务等原因按计时工资标准或计时工资标准的一定比例支付的工资。

3. 人工单价的确定方法

按照现行规定,生产工人的人工工日单价可以参照下式计算:

$$日工资单价 = \frac{生产工人平均月工资(计时、计件)+平均月(奖金+津贴补贴+特殊情况下支付的工资)}{年平均每月法定工作日}$$

$$年平均每月法定工作日 = \frac{全年日历日-法定假日}{12}$$

上式中的法定假日包括双休日和法定节日。

子目二　材料价格的组成和确定

驱动任务

试确定一件 T 恤的价格。

思考讨论

你能想到的材料单价的组成部分有哪些?

1. 材料价格的定义

材料价格是指材料(包括构件、成品或半成品)从其来源地(或交货地点)到达现场工地仓库后出库的综合平均价格。

2. 材料价格的组成内容

材料价格一般由以下四项费用组成:

① 材料原价:是指材料、工程设备的出厂价格或商家供应价格。

② 运杂费：是指材料、工程设备自来源地运至工地仓库或指定堆放地点所发生的全部费用。

③ 运输损耗费：是指材料在运输装卸过程中不可避免的损耗。

④ 采购及保管费：是指为组织采购、供应和保管材料、工程设备的过程中所需要的各项费用。包括采购费、仓储费、工地保管费和仓储损耗。

以上四项费用的和即为材料预算价格。其计算公式为

$$材料价格 = (供应价格 + 运杂费) \times (1 + 运输损耗费) \times$$
$$(1 + 采购及保管费率) - 包装品回收价值$$

3. 材料价格的确定方法

（1）材料供应价的确定

材料供应价包括材料原价和供销部门手续费两部分。材料原价一般是指材料的出厂价、交货地价格、市场批发价或进口材料抵岸价。同一种材料因产地、生产厂家、交货地点或供应单价不同而出现几种原价时，可根据材料不同来源地和供货数量比例，采用加权平均方法确定其原价。其计算公式为

$$G = \sum_{i=1}^{n} G_i f_i$$

式中　G——加权平均原价；

　　　G_i——某 i 来源地（或交货地）原价；

　　　f_i——某 i 来源地（或交货地）材料的数量占总材料数量的百分比，即

$$f_i = \frac{W_i}{W_总} \times 100\%$$

式中　W_i——某 i 来源地（或交货地）材料的数量；

　　　$W_总$——材料总数量。

【例6-1】　某建筑工程需要二级螺纹钢材，由三家钢材厂供应，其中：甲厂供应900 t，出厂价为3 900 元/t；乙厂供应1 200 t，出厂价为4 000 元/t；丙厂供应400 t，出厂价为3 800 元/t。试计算本工程螺纹钢材的原价。

解：
$$W_总 = (900 + 1 200 + 400)t = 2 500 t$$
$$f_甲 = \frac{W_甲}{W_总} \times 100\% = 36\%$$
$$f_乙 = \frac{W_乙}{W_总} \times 100\% = 48\%$$
$$f_丙 = \frac{W_丙}{W_总} \times 100\% = 16\%$$

该工程螺纹钢材的原价 = (3 900×36% + 4 000×48% + 3 800×16%) 元/t = 3 932 元/t

（2）材料运杂费的确定

材料运杂费应按国家有关部门和地方政府交通运输部门的规定计算。材料运杂费的大小与运输工具、运输距离、材料装载率、经仓比等因素都有直接关系。材料运杂费一般按外埠运杂费和市内运杂费两种计算。

① 外埠运杂费。外埠运杂费是指材料从来源地（或交货地）至本市中心仓库或货

站的全部费用。包括调车(驳船)费、运输费、装卸费、过桥过境费、入库费以及附加工作费。

② 市内运杂费。市内运杂费是指材料从本市中心仓库或货站运至施工工地仓库的全部费用。包括出库费、装卸费和运输费等。

同一品种的材料如有若干个来源地,其运杂费根据每个来源地的运输里程、运输方法和运运标准,用加权平均的方法计算运杂费,即

$$加权平均运杂费 = \frac{W_1 T_1 + W_2 T_2 + \cdots + W_n T_n}{W_1 + W_2 + \cdots + W_n}$$

式中　$W_1, W_2, \cdots, W_n$——各不同供应点的供应量或各不同使用地点的需要量;

　　　　$T_1, T_2, \cdots, T_n$——各不同运距的运杂费。

注意:在运杂费中需要考虑为了便于材料运输和保护而发生的包装费。

材料包装费包括水运和陆运的支撑立柱、篷布、包装袋、包装箱、绑扎等费用。材料运到现场或使用后,要对包装品进行回收,回收价值要冲减材料价格。包装费的计算通常有以下两种情况:

a. 材料出厂时已经包装的(如袋装水泥、玻璃、钢钉、油漆等),这些材料的包装费一般已计入材料原价内,不再另行计算。但包装材料回收值应从包装费中予以扣除。

b. 材料由采购单位自备包装材料(或容器)的,应计算包装费,并计入材料预算价格内。如包装材料不是一次性报废材料,应按多次使用、多次加权摊销的方法计算。

(3) 材料运输损耗费的确定

材料运输损耗费是指材料在装卸、运输过程中的不可避免的合理损耗。材料运输损耗费可以计入运杂费用,也可以单独计算。其计算公式为

材料运输损耗费 =(材料供应价+运杂费)×相应材料运输损耗

(4) 材料采购及保管费的确定

材料采购及保管费一般按规定费率计算。其计算公式为

材料采购及保管费 =(材料供应价+运杂费+运输损耗费)×采购及保管费率

其中,采购及保管费率一般在 2.5% 左右,各地区可根据实际情况来确定。

子目三　机械台班单价

驱动任务

假如你带去宿舍的吹风机拿来出租,要如何定价?

思考讨论

工程上的机械都是有人操作的,那么机械上的人工到底是应该计入人工费还是计入机械费?

1. 施工机械台班单价的定义

施工机械单价以"台班"为计量单位,机械工作 8 h 为"一个台班"。施工机械台班

单价是指一个施工机械在正常运转的条件下,一个台班中所支出和分摊的各种费用之和。

施工机械台班单价的高低,直接影响建筑工程造价和企业的经营效果。确定合理的施工机械台班单价,对提高企业的劳动生产率、降低工程造价具有重要的意义。

2. 施工机械台班单价的构成

① 第一类费用:是指不因施工地点和施工条件的变化而变化,与机械工作年限直接相关的费用,包括折旧费、大修理费、经常修理费、安拆费及场外运输费。

a. 折旧费:是指施工机械在规定的使用年限内,陆续收回其原值的费用。

$$折旧费 = \frac{机械预算价格 \times (1-残值率) \times 机械时间价值系数}{耐用总台班}$$

其中,机械预算价格是指机械出厂价格(或到岸完税价格)加上供应部门手续费和出厂地点到使用单位的全部运杂费。

$$残值率 = \frac{机械报废时回收残值}{机械预算价格} \times 100\%$$

b. 大修理费:是指施工机械按规定的大修理间隔台班进行必要的大修理,以恢复其正常功能所需的费用。

c. 经常修理费:是指施工机械除大修理以外的各级保养和临时故障排除所需的费用。包括为保障机械正常运转所需替换设备与随机配备工具附具的摊销和维护费用,机械运转中日常保养所需润滑与擦拭的材料费用及机械停滞期间的维护和保养费用等。

d. 安拆费及场外运费:安拆费是指施工机械(大型机械除外)在现场进行安装与拆卸所需的人工、材料、机械和试运转费用以及机械辅助设施的折旧、搭设、拆除等费用;场外运费是指施工机械整体或分体自停放地点运至施工现场或由一施工地点运至另一施工地点的运输、装卸、辅助材料及架线等费用。

② 第二类费用:是指因施工地点和施工条件的变化而变化,与机械工作台班数直接相关的费用,包括人工费、燃料动力费和税费。

a. 人工费:是指机上司机(司炉)和其他操作人员的人工费。

b. 燃料动力费:是指施工机械在运转作业中所消耗的各种燃料及水、电等。

c. 税费:是指施工机械按照国家规定应缴纳的车船使用税、保险费及年检费等。

复习思考题

1. 什么是人工单价,它由哪几部分组成,如何确定?
2. 影响人工单价的主要因素有哪些?
3. 什么是材料价格?
4. 材料价格是由哪些部分组成的?
5. 机械台班单价的含义是什么,它由哪几部分组成?

模块七

企业定额

子目一　企业定额的作用和编制原则

微课
企业定额

一、企业定额的作用

企业定额是建筑施工企业开展生产经营活动的基础,是企业进行工程投标报价的依据,是优化施工组织设计的依据,是企业成本核算、经济指标测算及考核的依据。

1. 企业定额在工程投标报价中的作用

在工程量清单计价模式下,企业定额是企业投标报价的基础和主要依据。在确定工程投标报价时,首先根据企业定额,结合当地物价水平、劳动力价格水平、设备购置与租赁、施工组织方案、现场情况等因素计算出本企业拟完成投标工程的基础报价;其次,根据企业的其他生产经营要素,测算管理费,并按相关规定计算规费、税金等;然后,根据政府的政策要求、招标文件中的合同条件、发包方的信誉及资金实力等条件确定拟获得的利润,以及预计的可能工程风险和其他应考虑的因素,从而确定投标报价。

例如,某企业在某学院工程的声乐教室装饰施工中遇吸音墙面为定额缺项项目,企业经综合测算编制了企业补充计价依据,具体补充定额及编制说明如表7-1和表7-2所示。

表7-1　某企业内部补充计价依据表

工作内容:清理基层,定位、下料,安装基层、面层等全过程。　　　　　　计量单位:m²

编号			2018B-1
项目			吸音墙面
基价/元			334.12
其中	人工费/元		101.25
	材料费/元		232.64
	机械费/元		0.23
名称	单位	单价	消耗量
人工	工日	150	0.675
材料	6 mm 厚穿孔硅酸钙板,穿孔率15%	m²	30	0.535
	密胺软包阻燃织物	m²	50	0.575
	30 mm 厚密胺基层	m²	25	0.525
	18 mm 厚穿孔木质吸音板,穿孔率 $P=15\%$	m²	125	0.55
	50 mm 厚阻燃吸音麻丝棉,表观密度为 20 kg/m³	m²	52	1.03
	杉木枋	m³	1 950	0.026 2
	其他材料费	元	1	1.315
机械	机械综合	元	1	0.23

2. 企业定额在企业内部成本管理中的作用

施工企业项目成本管理是施工企业对项目发生的实际成本通过预测、计划、核算、分析、考核等一系列活动,在满足工程质量和工期的条件下采取有效的措施,不断降低成本,达到成本控制的预期目标。在企业通过招标投标获得工程项目承包后,按企业定额确定的工程造价作为企业的收入是确定的,如何控制成本支出,增加企业的盈利,就成了管理的重点。要控制成本,降低费用开支,就需要通过对项目成本预测、过程控制和目标考核的实施,核算实际成本与计划成本的差异,分析原因,总结经验,不断提升企业管理水平。

表 7-2　2018B-1 吸音墙面补充计价依据编制说明

定额名称	吸音墙面	市场参考价	334.12 元/m²	调研时间	2018
调研所在地	×××市		结构类型	×××学院声乐教室	
部位	内墙面				
主要材料	30 mm 厚成品密胺板、6 mm 厚穿孔硅酸钙板、50 mm×50 mm 木龙骨、防火涂料、钢丝网				
主要机械	精装修木工机械				
工艺说明	基层清理,水泥砂浆抹灰找平,安装木龙骨基层,木龙骨刷防火涂料,铺吸音麻丝棉,安装穿孔硅酸钙板,安装成品密胺板				
产品说明	适用于有减声特殊要求的墙面				
备注					

表 7-3 所示为某企业内部核算的项目工程成本阶段分析表,对比分析预算成本、目标成本和实际成本的执行情况。

表 7-3　项目工程成本阶段分析表

项目名称:　　　　　　　　　　　　　　　　　　　　　　　　　　　　　　　　　单位:元

项目成本	本阶段数							自开工累计数						
	预算成本 a	目标成本 b	实际成本 c	预算成本降低额 $d=a-c$	预算成本降低率/% $e=d/a×100$	目标成本降低额 $f=b-c$	目标成本降低率/% $g=f/b×100$	预算成本 a	目标成本 b	实际成本 c	预算成本降低额 $d=a-c$	预算成本降低率/% $e=d/a×100$	目标成本降低额 $f=b-c$	目标成本降低率/% $g=f/b×100$
1. 人工费														
2. 材料费														
3. 机械费														
4. 施工组织措施费														
5. 企业管理费														
6. 其他项目费														
7. 利润														

续表

项目成本	本阶段数							自开工累计数						
	预算成本 a	目标成本 b	实际成本 c	预算成本降低额 $d=a-c$	预算成本降低率/% $e=d/a\times100$	目标成本降低额 $f=b-c$	目标成本降低率/% $g=f/b\times100$	预算成本 a	目标成本 b	实际成本 c	预算成本降低额 $d=a-c$	预算成本降低率/% $e=d/a\times100$	目标成本降低额 $f=b-c$	目标成本降低率/% $g=f/b\times100$
8. 规费														
9. 专业分包工程费（含税）														
10. 税金（除分包）														
…														
12. 工程总成本														
备注	1. 表格形式仅供参考,可根据项目做调整。 2. 采用一般计税法的项目预算成本、目标成本、实际成本中的人工费、材料费、机械费等为不含税金额。													

分公司经理:　　　　主任经济师:　　　　商务经理:　　　　核算员:　　　　编制日期:

工程项目部具体可以企业定额为标准,制定人工、材料、机械等各项费用支出计划,按计划下达施工任务书和限额领料单来组织施工生产,并根据实际情况及时控制调整。

3. 施工现场材料管理

在工程造价中,材料费占工程直接费的60%~70%,因此,合理节约使用材料是现场成本控制中的一个重要环节。施工中超出企业定额用量时,应及时采取措施进行控制。

例如,某企业通过表7-4对工程现场的商品混凝土材料用量进行日常管控。

二、企业定额的编制原则

1. 先进性原则

我国现行《房屋建筑与装饰工程消耗量定额》是根据大多数企业的施工装备程度、合理的工期和施工工艺,以劳动组织为基础编制的,反映的是社会平均消耗水平。企业定额反映的是某一施工企业基于特定管理模式下,经合理组织生产并经过努力可以达到和超过的水平,具有技术上先进、经济上合理可行的特点,可以正确反映比较先进的施工技术和管理水平。企业定额是高于社会平均消耗水平的,体现的是定额的先进性。

表 7-4　施工现场混凝土实际用量与预算量对比

楼层	20#定额量	20#实际量	21#定额量	21#实际量	22#定额量	22#实际量	23#定额量	23#实际量	29#东单元定额量	29#东单元实际量	29#西单元定额量	29#西单元实际量	30#定额量	30#实际量
偏差量　319.7	45.98		22.55		19.32		49.18		46.1		34.671		5.2	
截至3月形象进度完成楼层	10	10	15	15	10	10	11	11	12	12	12	12	11	11
方量汇总	1 548.98	1 503.00	2 321.05	2 298.50	1 517.32	1 498.00	1 703.18	1 654.00	1 987.10	1 941.00	1 991.67	1 957.00	1 703.20	1 698.00
1	161.3	155.5	162.3	160	161.3	158	161.3	158	163.4	160	163.4	160	161.3	165
2	154.2	153	154.2	154	122.5	127	154.2	150	165.8	169	166.2	168	154.2	157
3	154.2	151.5	154.2	153.5	154.2	149	154.2	160	165.8	170	166.2	162.5	154.2	152
4	154.2	149	154.2	156	154.2	152	154.2	150	165.8	165	166.2	162.5	154.2	153
5	154.2	149	154.2	153.5	154.2	152	154.2	148	165.8	164	166.2	163	154.2	153
6	154.2	149	154.2	153.5	154.2	152	154.2	148	165.8	159	166.2	163	154.2	153
7	154.2	149	154.2	152	154.2	152	154.2	148	165.8	159	166.2	163	154.2	153
8	154.2	149	154.2	152	154.2	152	154.2	148	165.8	159	166.2	163	154.2	153
9	154.2	149	154.2	152	154.2	152	154.2	148	165.8	159	166.2	163	154.2	153
10	154.2	149	154.2	152	154.2	152	154.2	148	165.8	159	166.2	163	154.2	153
11	154.2	149	154.2	152	154.2	152	154.2	148	165.8	159	166.2	163	154.2	153
12	154.2	149	154.2	152	154.2	152	154.2	148	165.8	159	166.2	163	154.2	153
13	154.2	149	154.2	152	154.2	152	154.2	148	165.8	159	166.2	163	154.2	153
14	154.2	149	154.2	152	154.2	152	154.2	148	165.8	159	166.2	163	154.2	153
15	154.2	149	154.2	152	154.2	152	154.2	148	165.8	159	166.2	163	154.2	153
16	154.2	149	154.2	152	154.2	152	154.2	148	165.8	159	166.2	163	154.2	153
17	154.2	149	154.2	152	154.2	152	154.2	148	165.8	159	166.2	163	154.2	153
18														

2. 适用性原则

企业定额作为企业投标报价和工程项目成本管理的依据,在编制企业定额时,应根据企业经营范围、管理水平和技术实力等合理地进行定额的选项及内容确定。定额的选项与内容应与工程量清单计算规范中的项目编码、项目名称、计量单位等保持一致和可衔接,有利于工程量清单报价,更有利于成本的比较分析。

3. 自主性原则

企业定额的消耗量在一定条件下时相对固定的,但也要与企业技术实力的提升和管理水平的提高同步调整。在当前市场竞争环境下,企业应依据本企业的技术能力、管理水平、施工生产力水平,自主的制定和不断完善企业定额。其中,一般以基础定额为参照和指导,通过测定、计算完成分项工程或工序所必须的人工、材料和机械台班的消耗量来准确反应本企业施工生产力水平。

4. 动态性原则

党的二十大报告提出,必须坚持科技是第一生产力、人才是第一资源、创新是第一动力的要求。企业要在激烈的市场竞争中处于优势低位,就必须不断提高企业管理水平、施工技术水平。通过企业技术水平的不断提高,生产工艺的不断改进,特别是要使企业的管理水平也得到不断提升。特别是当前建筑市场新材料、新工艺的不断应用,施工作业机械化水平的不断提高和劳动力市场的不断变化,都要求企业定额应同步进行补充和完善。

子目二　企业定额的组成和编制步骤

驱动任务

企业定额消耗量的确定主要考虑哪几方面因素?

思考讨论

如何从企业定额在工程量清单报价中所起的作用来理解企业定额消耗量确定原则。

一、企业定额的组成

企业定额一般由工程实体消耗定额、措施性消耗定额、施工取费定额和企业工期定额等组成。

① 工程实体消耗定额:是指构成工程实体的分部(项)工程人工、材料、机械台班的消耗量,是企业结合自身技术和管理水平编制的,最能体现企业先进性的消耗定额。

② 措施项目消耗定额:是指施工前和施工过程中为保证工程施工而采取措施的各项非实体项目消耗或费用支出,如模板及支架、脚手架、垂直运输等。

③ 施工取费定额:是指反映专项费用占企业必要劳动量水平的标准(百分比),它的各项费用标准是为施工准备、组织施工生产和管理所需的各项费用标准。例如,企业管理费包含了管理人员的工资、福利费、办公费、工会经费、财务费用等。

④ 企业工期定额:是指企业根据自身积累的以往已完工程实际情况,参考全国统一工期定额所制定的工程项目施工消耗的时间标准,体现的是企业生产和管理水平。一般由民用建筑工程、工业建筑工程、其他工程和分包工程工期定额及相关说明组成。

表7-5所示为某企业在某装饰工程工程量清单计价中拉丝镀古铜色不锈钢板(木骨架)墙面的综合单价组价。

表7-5 综合单价分析表

项目名称:墙面装饰板-厚度1.2 mm拉丝镀古铜色不锈钢板(木骨架)　　　　　　计量单位:m²

序号	名称	单位	净用量	损耗率/%	消耗量	单价/元	合价/元	备注
1	人工费						80.50	
1.1	综合人工	元			0.46	175.00	80.50	
2	材料费						491.40	
2.1	1.2 mm拉丝镀古铜色不锈钢板	m²	1.00	5.00	1.05	400.00	420.00	可调部分
2.2	木龙骨及其他材料(含阻燃夹板)	m²	1.00	2.00	1.02	70.00	71.40	
3	机械费						2.00	
3.1	机械费	元			1.00	2.00	2.00	
	直接费用=(1+2+3)						573.90	
4	综合费(管理费、规费、利润等)			(1+2+3)	15%		86.09	(1+2+3)×15%
5	不含税综合单价(1+2+3+4+5)						659.99	
6	税金=(1+2+3+4+5)×9%						59.40	
	合计(综合单价=1+2+3+4+5)						719.38	

二、企业定额的编制步骤

1. 成立企业定额编制领导和实施机构

企业定额编制一般由公司专业分管领导负责,抽调各专业骨干成立企业定额编制小组,以公司定额编制组为主,由工程管理、材料机械管理、财务、人力资源等部门以及各现场项目部配合进行编制工作。

2. 制定企业定额编制详细方案

编制小组根据企业经营范围和专业分布,确定企业定额的编制大纲和范围,合理选择定额分项和工作内容,确定定额章节、说明、工程量计算规则及定额调整系数等。

3. 确定具体工作内容

企业定额编制小组和各部门确定工作内容。例如,编制组负责确定定额计算方法、测算消耗量、摊销次数、损耗量等,确定相关人工、材料、机械台班价格,汇总并完成定额编制文稿,测算企业定额水平等。工程管理部门、人力资源部门和材料机械管理部门负责采集整理现场数据资料,提供人工信息、机械相关参数等。财务部门主要负责对现场管理费用定额的编制,分析整理历年公司的施工管理费用资料等。

4. 确定人工、材料、机械台班消耗量

人工、材料、机械台班消耗量的确定是企业定额编制的关键和重点,主要采用现场观察法、经验统计分析法、理论计算法、定额修正法等。

5. 整理汇总各专业定额

各专业定额编制完成后,需将定额应用到实际工程中进行试运行,对运行中发现的问题和不足及时调整纠正,待调整完善后,由编制组汇总装订成册投入正式使用。

6. 企业定额的补充完善

企业定额应随着企业的发展、材料的更新和技术、工艺的提高,特别是施工技术和管理水平的提高,及时进行补充和完善。

子目三　企业定额在清单报价中的应用

驱动任务

以混凝土梁、板的浇捣为例,按设定条件尝试编制企业定额,进行分项工程计价。

思考讨论

如何理解企业定额是工程量清单报价中最主要的计价依据?
某企业根据现场施工消耗情况编制了混凝土浇筑的分项工程计价依据。

一、背景材料

某项目住宅为 6 层洋房公寓,标准层结构平面如图 7-1 所示,总建筑面积为 1 000 m²;标准层建筑面积为 492 m²,标准层混凝土量共计 126.8 m³,采用 C30 混凝土浇筑,其相关工作量如表 7-6 所示,共需要 8 个泥工工人用时 10.5 h 浇筑完成。现需要确定本单位混凝土浇筑每立方米的综合单价。(人工:市场泥工 260 元/工日;材料:C30 混凝土按 450 元/m³。)

二、消耗量计算

1. 人工(包含插入式振捣器、工具、雨衣、雨鞋等)

经现场测定混凝土班组用工,完成标准层混凝土量为 126.8 m³,共需要 8 个泥工工人用时 10.5 h 浇筑完成。即(8×10.5/8)工日 = 10.5 工日;每立方米混凝土人工消耗量为(10.5/126.8)工日 = 0.082 8 工日。

根据劳动定额另需考虑增加部分:

① 场内超运距用工,每立方米增加 0.060 工日。

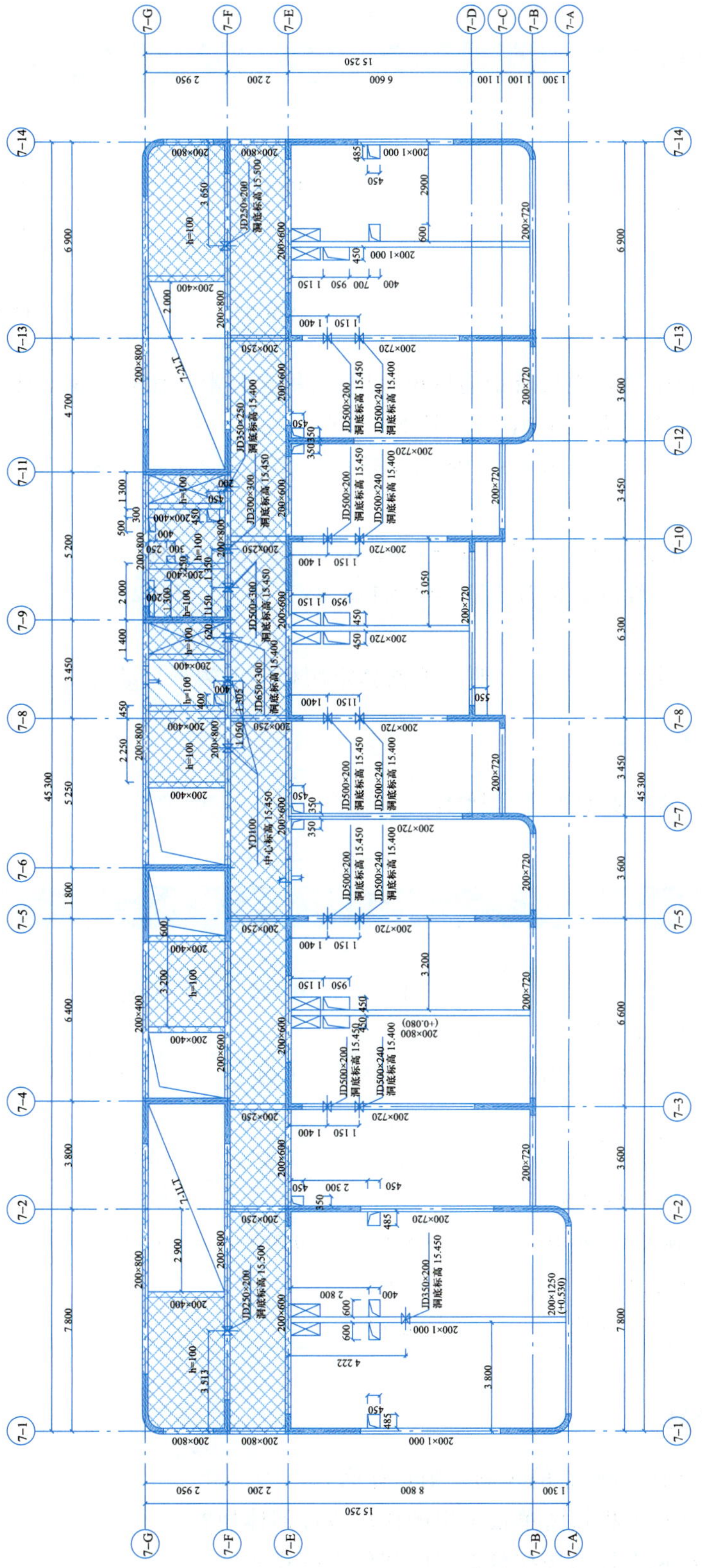

图 7-1　标准层结构平面图

表7-6　标准层混凝土浇捣相关工程量

23#楼	建筑面积/m²	混凝土工程量/m³	模板工程量/m²
标准层	492.472 9		
柱		2.85	27.944 2
梁		30.100 2	298.934 6
板		41.757 6	359.944 2
墙		52.064 8	521.877 1
合计		126.77	1208.7

 视频
盘扣脚手架现场搭设演示

② 浇捣过程中检查模板及钢筋偏位等用工,每立方米增加 0.033 工日。

③ 混凝土浇捣考虑人工幅度差,按 5% 计算:

人工消耗量 = $(0.082\ 8+0.06+0.033)\times1.05$ 工日/m³ = 0.185 工日/m³

2. 材料

C30 混凝土消耗量 = $(1+1\%)$ m³ = 1.01 m³,混凝土损耗 1%。

塑料薄膜消耗量 = $492\times126.8\times1.01$ m² = 3.92 m²

3. 机械

插入式振捣器台班消耗量参照当地预算定额相应定额子目综合折算。

三、综合单价组价

混凝土组价分析表如表7-7所示。

表7-7　混凝土组价分析表

序号	型材规格	单位	消耗量	单价/(元/kg)	合计/元
一	人工				
	二类人工	工日	0.185	260	48.1
二	材料费(可按市场行情下浮)				
1	C30 非泵送商品混凝土	m³	1.01	450	454.5
2	水	m³	3.35	2.95	4.43
3	塑料薄膜	m²	3.92	0.86	3.37
三	机械使用费				
	插入式振捣器	台班	0.585	12.54	7.34
四	管理费、利润(一+三)	元	55.44	12%	6.65
五	综合单价	元/m³			524.39

复习思考题

1. 什么是企业定额,它的编制原则是什么?

2. 企业定额在工程量清单报价中的作用该如何体现?

3. 企业定额在工程现场材料管理中如何发挥作用?

模块八

预算定额

学习目标

1. 了解预算定额的概念、编制原则和作用。
2. 掌握预算定额的编制方法和调整换算方法。

素养目标

培养公平意识以及诚实守信的职业操守。

知识点

预算定额的概念、作用、编制原则、编制步骤,预算定额人材机消耗量的确定方法。

子目一　预算定额的概念和编制原则

驱动任务

政府投资项目招标中,招标控制价的编制依据和作用是什么?

思考讨论

如何理解预算定额的社会平均消耗水平?

预算定额是指在正常合理的施工条件下,规定完成一定计量单位分项工程或结构构件所必需的人工、材料、机械台班的消耗数量标准。

1. 预算定额和施工定额的区别

预算定额和施工定额都是施工企业实行科学管理的工具,两者之间有着密切的关系,但是这两种定额在许多方面又是不同的。

(1)两种定额的性质不同

预算定额以分项工程或结构构件为对象,项目划分较施工定额粗一些。施工定额是施工企业确定工程计划成本以及进行成本核算的依据,它的项目划分以工序为对象。

(2)两种定额确定的原则不同

预算定额依据社会平均水平确定其定额水平,反映的是大多数地区、企业和工人经过努力而能够达到和超过的水平。施工定额是按社会平均先进水平来确定其定额水平,它比预算定额的水平要高出 10% ~15%。

2. 预算定额的作用

(1)预算定额是编制施工图预算的依据

施工图设计一经确定,工程预算造价主要受预算定额水平和人工、材料及机械台班价格的影响。

(2)预算定额是编制施工组织设计的依据

根据预算定额,能够计算出施工中各项资源的需要量,为有计划地组织材料采购和预制件加工、劳动力和施工机械的调配提供可靠的计算依据。

(3)预算定额可作为确定合同价款、拨付工程进度款及办理工程结算的参考性基础

按照施工图进行工程发包时,合同价款的确定及施工过程中的工程结算等都需要按照施工图进行计价,预算定额是施工图预算的主要编制依据,也为上述计价工作提供支持。

(4)预算定额可作为施工企业经济活动分析的依据

预算定额规定的物化劳动和劳动消耗指标,可以作为施工单位生产中允许消耗的最高标准。施工单位可以预算定额为依据,进行技术革新,提高劳动生产率和管理效率,提高自身竞争力。

(5)预算定额是编制概算定额的基础

利用预算定额作为编制概算定额的依据,不仅可以节省编制工作的大量人力、物力和时间,收到事半功倍的效果,还可以使概算定额在水平上与预算定额保持一致,保证计价工作的连贯性。

3. 预算定额的编制原则

(1)按社会平均水平确定预算定额的原则

预算定额反映的社会平均水平,是指在正常的施工条件下,在合理的施工组织和工艺条件、平均劳动熟练程度和劳动强度下,完成单位分项工程基本构造单元所需要消耗的资源的数量水平和费用水平。

(2)简明适用的原则

"简明"强调要在保证预算定额的分项项目准确的条件下,尽量使分项项目简明扼要。"适用"强调齐全性,分项项目的划分在加强综合性的同时,必须注重实际情况,保证项目相对齐全,以利于预算定额使用方便。

子目二 预算定额的编制依据和步骤

驱动任务

寻找一个预算定额子目的工作内容,与施工定额相应项目进行比较。

思考讨论

结合预算定额的作用,思考预算定额的编制者一般是谁。

以科学的方法制定基于社会平均消耗量水平的预算定额或基准消耗量标准,各组成要素价格可以随市场波动而实时调整的综合价格体系,是工程建设领域计价模式改革的重要内容之一,也是对党的二十大提出的"深化要素市场化改革,建设高标准市场体系"重要论述的一种具体实践。

1. 预算定额的编制依据

① 现行施工定额、预算定额、单位估价表等。

② 国家或地区颁布的图集、产品设计图集、典型施工图。

③ 现行施工验收规范、设计规范、施工操作规程、质量评定标准、施工安全操作规程等。

④ 新技术、新结构、新材料和新工艺等。

⑤ 国家和地区颁发的定额编制基础资料等。

2. 预算定额的编制步骤

① 准备工作阶段:成立编制小组,拟定编制方案。

② 收集资料阶段:收集现行规定规范和政策法规、定额管理部门积累的资料等。

③ 定额编制阶段:确定定额编制细则、项目划分和工程量计算规则、定额消耗量的计算、复核等。

④ 定额审核阶段:进行定额审稿、定额水平测算,并广泛征求意见。

⑤ 定额报批、整理资料阶段。

3. 预算定额的编制方法

(1) 确定预算定额项目名称和工程内容

预算定额项目名称和工程内容是按施工工艺结合项目的规格、型号、材质等要求进行设置的,应尽可能反映科学技术的新发展和新材料、新工艺、新技术的应用,使其能反映建筑业的实际水平和具有广泛的代表性。

(2) 确定预算定额的计量单位

预算定额的计量单位主要根据分项工程或结构构件的形体待征和变化规律,按公制或自然计量单位来确定。

(3) 按典型文件图纸和资料来计算工程量

通过计算出典型设计图或资料所包括的施工过程的工程量,使之在编制建筑工程预算定额时,有可能利用施工定额的人工、机械和材料消耗量指标来确定预算定额的消耗量。

子目三　预算定额人材机消耗量的确定

驱动任务

将一个预算定额子目的人工消耗量与施工定额相应项目的消耗量进行比较。

思考讨论

现场工人从仓库领用材料后搬运到垂直运输机械处及楼层搬运至作业点的人工消耗属于哪一类消耗?

1. 人工工日消耗量的确定

（1）以劳动定额为基础确定人工工日消耗量

① 基本用工。基本用工是指完成一定计量单位的分项工程或结构构件所必须消耗的技术工种用工。这部分工日数按综合取定的工程量和相应劳动定额进行计算。

$$基本用工消耗量 = \sum（各工序工程量 \times 相应的劳动定额）$$

② 其他用工。其他用工是指劳动定额中没有包括而在预算定额内又必须考虑的工时消耗。它包括辅助用工、超运距用工和人工幅度差。

超运距用工是指编制预算定额时,材料、半成品、成品等运距超过劳动定额所规定运距时需要增加的工日数量。

$$超运距用工 = 预算定额取定的运距 - 劳动定额已包括的运距$$

$$超运距用工消耗量 = \sum（超运距材料数量 \times 相应的劳动定额）$$

辅助用工是指劳动定额中基本用工之外的材料加工等用工。

$$辅助用工消耗量 = \sum（材料加工数量 \times 相应的劳动定额）$$

人工幅度差是指劳动定额作业时间未包括而在正常施工情况下不可避免发生的各种工时损失。人工幅度差系数一般为 $10\% \sim 15\%$。

人工幅度差的内容包括:

a. 各工种的工序搭接及交叉作业互相配合发生的停歇用工。

b. 施工机械在单位工程之间转移及临时水电线路移动所造成的停工。

c. 质量检查和隐蔽工程验收工作的用工。

d. 班组操作地点转移用工。

e. 工序交接时对前一工序不可避免的修整用工。

f. 施工中不可避免的其他零星用工。

$$人工幅度差 = （基本用工 + 超运距用工 + 辅助用工） \times 人工幅度差系数$$

（2）以现场测定资料为基础确定人工工日消耗量

参照施工定额部分内容。

2. 材料消耗量的确定

材料消耗量指标是指完成一定计量单位的分项工程或结构构件所必须消耗的原材料、半成品或成品的数量。材料按用途划分为以下四种:

① 主要材料:直接构成工程实体的材料,也包括半成品、成品等。

② 辅助材料:构成工程实体中除主要材料外的其他材料,如钢钉、钢丝等。

③ 周转材料:多次使用但不构成工程实体的摊销材料,如脚手架、模板等。

④ 其他材料:用量较少、难以计量的零星材料,如棉纱等。

$$材料消耗量=净用量+损耗量$$

$$损耗量=净用量×损耗率$$

材料净用量、损耗量及周转材料的摊销量确定方法见施工定额部分内容。

3. 机械消耗量的确定

(1) 以施工定额为基础确定机械台班消耗量

预算定额机械台班消耗量=施工定额机械台班消耗量×(1+机械幅度差系数)

机械幅度差是指施工定额中没有包括,但实际施工中又必须发生的机械台班用量。内容包括:

① 施工中机械转移工作面及配套机械相互影响损失的时间。

② 在正常施工条件下机械施工中不可避免的工作间歇时间。

③ 检查工程质量影响机械操作的时间。

④ 临时水电线路在施工过程中移动所发生的不可避免的机械操作间歇时间。

⑤ 冬期施工发动机械的时间。

⑥ 不同厂牌机械的工效差别,临时维修、小修、停水、停电等引起机械停歇的时间。

⑦ 工程收尾和工作量不饱满所损失的时间。

(2) 以现场实测数据为基础确定机械台班消耗量

参照施工定额部分内容。

【例 8-1】 完成 10 m³ 某分项工程需要基本用工 26 个工日,辅助用工 5 个工日,超运距 2 个工日,人工幅度差系数为 10%,试计算预算定额的人工消耗量。

解:

预算定额人工消耗量=(26+5+2)×(1+10%)工日/10 m³=36.3 工日/10 m³

【例 8-2】 某毛石护坡砌筑工程,采用 M5.0 水泥砂浆砌筑。现场测定数据为:砌筑 10 m³ 毛石砌体需 200 L 砂浆搅拌机 5.5 台班,机械幅度差系数为 15%。试计算砌筑 1 m³ 毛石护坡工程的机械台班消耗量。

解:

$$机械台班消耗量=施工定额机械台班消耗量×(1+机械幅度差系数)$$
$$=0.55×(1+15\%)台班/m³$$
$$=0.633 台班/m³$$

【例 8-3】 某省楼地面工程找平层预算定额如表 8-1 所示。

表 8-1 楼地面工程找平层预算定额表

工作内容:清理基层,调运砂浆、抹平、压实。 计量单位:100 m²

定额编号	11-1
项目	干混砂浆找平层厚 20 mm
	混凝土或硬基层上

续表

基价/元		1 746.27
其中	人工费/元	803.21
	材料费/元	923.29
	机械费/元	19.77

	名称	单位	单价	消耗量
人工	三类人工	工日	155.00	5.182
材料	干混地面砂浆 DS M20.0	m³	443.08	2.040
	水	m³	4.27	0.400
	其他材料费	元	1.00	17.70
机械	干混砂浆罐式搅拌机 20 000 L	台班	193.83	0.102

视频
墙体砌筑施工过程
与工程计价

复习思考题

1. 简述预算定额和施工定额的区别。

2. 简述预算定额的主要作用。

3. 简述预算定额的编制原则。

4. 预算定额中的人工幅度差主要包括哪些内容？

5. 预算定额中机械台班消耗量主要包括哪些内容？

6. 某砌筑工程，工程量为 32.56 m³，每立方米砌体需要基本用工 0.85 工日，辅助用工和超运距用工分别是基本用工的 25% 和 15%，人工幅度差系数为 10%，请计算该砌筑工程的预算人工消耗量。

7. 已知某挖土机挖土，一次正常循环工作时间是 40 s，每次循环平均挖土量 0.3 m³。机械正常利用系数为 0.8，机械幅度差为 25%，按 8 h 工作制考虑。请计算该机械挖土方 1 000 m³ 的预算定额机械耗用台班。

模块九

概算定额和概算指标

学习目标

1. 了解概算定额、概算指标的概念和编制原则。
2. 熟悉概算定额的编制步骤和方法,以及概算指标的组成内容。
3. 熟悉政府投资条例,明确政府投资项目管理的严肃性。

素养目标

培养科学创新精神,强化数字化理念。

知识点

概算定额的概念、内容、作用;概算定额与预算定额的关系;概算指标的内容和作用。

子目一　概算定额的编制

驱动任务

政府投资项目根据初步设计(或扩初设计)图纸编制的设计概算,其编制依据是什么?

微课
概算定额

思考讨论

以多孔砖墙为例,分析概算定额与预算定额的关系。

概算定额是指完成一定计量单位的扩大分项工程或扩大结构构件所需消耗的人工、材料和机械台班的数量标准。概算定额一般由总说明、分部说明、概算定额项目表及附录组成。

1. 概算定额的作用

① 概算定额是编制设计概算的主要依据。

② 概算定额是项目设计方案选择的一个重要依据。

③ 概算定额是编制主要材料消耗量的计算依据。

④ 概算定额是编制概算指标的依据。

⑤ 概算定额是招标投标工程编制标底、投标报价的依据。

2. 概算定额的编制依据

① 现行的建筑工程预算定额、施工定额。

② 现行的人工工资标准、材料单价、机械台班使用单价。

③ 现行的设计标准、规范、施工标准和验收规范。

④ 典型的、有代表性的标准设计图、标准图集、通用图集和其他设计资料。

⑤ 原有的概算定额。

3. 概算定额的编制原则及步骤

在保证设计概算质量的前提下,概算定额应贯彻反映社会平均水平和简明适用的原则。

编制步骤:确定概算定额中的预算定额分项组成;计算典型图纸各分项的消耗量指标;计算概算定额消耗量,得到概算定额的基价。

【例 9-1】　金刚砂地面(厚度 2.5 mm)概算定额编制。

① 涉及的工作内容:清理基层,抹找平层、面层、踢脚线等。

② 依据工作内容与施工工艺划分,各分项工程在该概算定额项目中的消耗量指标为:

a. 20 mm 干混砂浆找平层:0.930 m^2/m^2。

b. 2.5 mm 厚金刚砂耐磨地坪:0.930 m^2/m^2。

c. 干混砂浆踢脚线:0.120 m^2/m^2。

要求:参照某省 18 预算定额编制本项目概算定额子目的人工消耗量。

金刚砂地面(厚度 2.5 mm)概算定额编制涉及的预算定额数据如表 9-1~表 9-4 所示。

表 9-1　干混砂浆找平层预算定额表

工作内容:清理基层,调运砂浆、抹平、压实。　　　　　　　　　　　　　　　计量单位:100 m^2

定额编号		11-1
项目		干混砂浆找平层厚 20 mm
		混凝土或硬基层上
基价/元		1 746.27
其中	人工费/元	803.21
	材料费/元	923.29
	机械费/元	19.77

续表

	名称	单位	单价	消耗量
人工	三类人工	工日	155.00	5.182
材料	干混地面砂浆 DS M20.0	m³	443.08	2.040
	水	m³	4.27	0.400
	其他材料费	元	1.00	17.70
机械	干混砂浆罐式搅拌机 20 000 L	台班	193.83	0.102

表 9-2 金刚砂耐磨地坪预算定额表

工作内容:清理基层,调运砂浆、抹平、压实。 计量单位:100 m²

定额编号				11-13
项目				金刚砂耐磨地坪厚2.5 mm
基价/元				2 802.2
其中	人工费/元			930.00
	材料费/元			1 627.32
	机械费/元			244.88
	名称	单位	单价	消耗量
人工	三类人工	工日	155.00	6.000
材料	金刚砂	kg	4.85	305.300
	普通硅胶水泥 P·O 42.5 综合	kg	0.34	195.250
	其他材料费	元	1.00	80.23
机械	灰浆搅拌机 200 L	台班	154.97	0.070
	平面水磨石机 3 kW	台班	21.71	10.78

表 9-3 干混砂浆踢脚线预算定额表

工作内容:清理基层,试排弹线、锯板修边、铺抹结合层、铺贴饰面、清理净面。 计量单位:100 m²

定额编号				11-95
项目				干混砂浆
基价/元				4 684.29
其中	人工费/元			3 449.68
	材料费/元			1 209.99
	机械费/元			24.62
	名称	单位	单价	消耗量
人工	三类人工	工日	155.00	22.256
材料	干混地面砂浆 DS M15.0	m³	443.08	1.520
	干混地面砂浆 DS M20.0	m³	443.08	1.010
	水	m³	4.27	4.280
	其他材料费	元	1.00	70.72
机械	干混砂浆罐式搅拌机 20 000 L	台班	193.83	0.127

概算定额人工消耗量:(5.182×0.009 3+6.0×0.009 3+22.256×0.001 2)工日 = 0.130 7 工日

表 9-4　金刚砂地面面层概算定额表

工作内容包括:清理基层,抹找平层、面层、踢脚线　　　　　　　　　　计量单位:m²

定额编号			7-21
项目			金刚砂地面厚 2.5 mm
基价/元			47.92
其中	人工费/元		20.26
	材料费/元		25.17
	机械费/元		2.49

预算定额编号	项目名称	单位	单价	消耗量
11-1	干混砂浆找平层混凝土或硬基层上 20 mm 厚	100 m²	1 746.27	0.009 30
11-13	金刚砂耐磨地坪 2.5 mm 厚	100 m²	2 802.20	0.009 30
11-95	干混砂浆	100 m²	4 684.29	0.001 20
名称		单位		消耗量
人工	三类人工	工日	155.00	0.130 70
材料	普通硅酸盐水泥 P·O 42.5 综合	kg	0.34	1.815 83
	水	m³	4.27	0.008 86

子目二　概算指标的编制

驱动任务

基本建设程序和各阶段的计价任务是什么?

思考讨论

不同投资类型的概算指标有哪些(如工业项目)?

概算指标是指用建筑面积、体积或成套设备装置的台(组)为计量单位,以整个建筑物或构筑物为对象编制的人工、材料、机械台班消耗量标准和造价指标。

1. 概算指标的作用

① 概算指标是编制投资估算的参考依据。

② 概算指标是设计单位进行方案比较、建设单位选址的依据。

③ 概算指标的主要材料指标,可作为估算单位工程或单项工程主要材料用量的依据。

④ 概算指标是建设单位编制建设投资计划,国家主管部门编制固定资产投资计划

确定投资额的依据。

2. 概算指标的编制原则

① 按平均水平确定概算指标的原则。

② 内容和表现形式要贯彻简明适用的原则。

③ 编制依据必须具有代表性。

3. 概算指标的编制依据

① 国家、省、自治区、直辖市批准颁发的标准图集,典型代表工程的工程设计图。

② 现行概算指标及其他相关资料。

③ 国家颁布的现行建筑设计规范、施工规范及其他有关技术规范。

④ 编制期相应地区的人工工资标准、材料价格、机械台班使用单价等。

⑤ 已完工程的预(结)算资料。

4. 概算指标的编制步骤

① 成立编制小组,拟定概算指标编制的方案。

② 收集编制概算指标必需的标准图集、典型设计图,已完工程的预(结)算资料等。

③ 编制概算指标。

④ 经过审核、平衡分析、水平测算、征求意见、修改初稿后审查定稿。

5. 概算指标的主要内容

概算指标主要由总说明、分册说明、经济指标及结构特征等组成。总说明主要包括概算指标编制依据、作用、适用范围、分册情况及共性问题的说明等。分册说明是对本册中的具体问题做出必要的说明。经济指标主要包括每平方米造价指标、扩大分项工程量、主要材料消耗及工日消耗指标等。结构特征是指在概算指标内标明建筑物等的示意图,并对工程的结构形式、层高、层数和建筑工程进行说明,以表示建筑结构工程的概况。表 9-5 ~ 表 9-8 为某安置房项目造价指标分析。

表 9-5　某市安置房项目基本信息表

工程基本信息			
项目名称	某市安置房项目工程	专业分类	建筑安装工程
建设单位		建设地点	某市
建设规模			
建筑面积/m²	220 667.27	地下建筑面积/m²	62 476.2
地上层数	25	地下层数	2
建筑高度/m	76.15	结构类型	现浇混凝土结构
工程造价(元)	643 887 456	单方造价/(元/m²)	2 917.91
工程计价信息			
计价方式	清单计价(13)	计价依据	2018 定额
造价类型	招标控制价	编制日期	2019.1

续表

工程主要特征信息
本指标为某市安置房项目,该工程为钢筋混凝土结构工程,总建筑面积为 220 667 m²,包括土建工程、安装工程、市政工程。 　　土建工程:包括土石方、桩基、砌筑、混凝土、楼地面、墙柱面、顶棚、屋面、门窗等工程。 　　安装工程:包括机械设备、电气、给水排水、通风空调、消防等工程。 　　市政工程:包括隧道等工程

表 9-6　某市安置房项目工程造价费用组成表

编号	项目	金额/元	单方造价/(元/m²)	占造价比例/%	其中占造价比例/%					
					人工费	材料费	机械费	管理费	利润	风险费
一	分部分项合计	466 776 573	2 115.3	72.49	11.61	55.8	1.66	2.31	1.12	0
1	建筑(编号:01)	386 034 370	1 749.4	59.95	9.66	46.01	1.52	1.85	0.91	0
1.1	土石方工程	3 620 510	16.41	0.56	0.01	0.4	0.11	0.02	0.01	0
1.2	桩基工程	40 699 550	184.44	6.32	0.9	3.84	1.1	0.33	0.16	0
1.3	砌筑工程	12 030 245	54.52	1.87	0.39	1.37	0.01	0.07	0.03	0
1.4	混凝土及钢筋混凝土工程	154 980 257	702.33	24.07	2.11	21.18	0.21	0.38	0.19	0
1.5	金属结构工程	1 063 359	4.82	0.17	0.06	0.09	0	0.01	0	0
1.6	门窗工程	38 737 476	175.55	6.02	0.27	5.67	0	0.05	0.02	0
1.7	屋面及防水工程	21 429 099	97.11	3.33	0.75	2.38	0.01	0.13	0.06	0
1.8	保温、隔热、防腐工程	7 269 085	32.94	1.13	0.41	0.6	0.01	0.07	0.03	0
1.9	楼地面装饰工程	20 439 000	92.62	3.17	0.88	2.04	0.03	0.15	0.07	0

注:限于篇幅,其余省略。

表 9-7　某市安置房项目主要工程量表

序号	项目名称	单位	工程量	单方用量	金额/元
一	土(石)方工程				
1	土方开挖	m³	34 642.85	0.157	987 375
2	土(石)方回填	m³	127 013.14	0.576	2 538 014
二	桩与地基基础工程				
1	成孔灌注桩	m	111 274	0.504	40 699 550
三	砌筑工程				
1	砖砌体	m³	23 302.84	0.106	12 002 556

续表

序号	项目名称	单位	工程量	单方用量	金额/元
四	混凝土及钢筋混凝土工程				
1	现浇混凝土垫层	m³	5 978.44	0.027	3 485 683
2	现浇混凝土基础	m³	33 431.68	0.152	23 950 968
3	现浇混凝土柱	m³	3 536.47	0.016	2 671 663
4	现浇混凝土梁	m³	18 559.68	0.084	12 748 123

注:限于篇幅,其余省略。

表 9-8 某市安置房项目工料机消耗量表

序号	名称	单位	工程量	单方用量
一	人工			
1	一类人工	工日	693.614	0.003
2	二类人工	工日	462 344.611	2.095
3	三类人工	工日	226 872.613	1.028
二	材料			
1	螺纹钢	t	16 050.914	0.073
2	圆钢	t	712.013	0.003
3	钢板	t	303.22	0.001
4	水泥	t	1 048.374	0.005
5	砌砖	千块	6 618.754	0.03
6	砌块	m³	5 735.105	0.026
7	黄砂	t	461.15	0.002
8	碎(卵)石	t	833.331	0.004
9	泵送商品混凝土	m³	110 335.713	0.5

注:限于篇幅,其余省略。

子目三 概算指标的应用

驱动任务

项目决策阶段编制投资估算的依据有哪些?

思考讨论

拟建项目投资估算编制时参照的对标项目为同类型的项目,但有一定的年份时间差异,应如何修正对标项目的估算指标?

1. 概算指标直接应用

如果概算指标基本符合拟建工程的外形特征、结构特征,且层数基本相同、建设地点在同一地区时,概算指标就可以直接应用。

$$拟建单位工程概算造价=拟建工程建筑面积×概算指标$$

2. 概算指标调整后应用

如果拟建工程(设计对象)与类似工程的概算指标相比,其技术条件不同;概算指标编制年份的设备、材料、人工等价格与当时当地价格不同;外形特征和结构特征不同等,就必须对概算指标进行调整。

(1)设计对象的结构特征与概算指标有局部差异时的单价调整

$$修正概算指标=原概算指标+换入新结构的含量×新结构相应单价- \\ 换出结构的含量×旧结构相应单价$$

(2)设计对象的结构特征与概算指标有局部差异时的工料机数量调整

$$修正概算指标(工料机数量)=原工料机数量+换入结构的工程量× \\ 相应定额工料机消耗量-换出结构的工程量× \\ 相应定额工料机消耗量$$

(3)设备、人工、材料、机械台班费用的调整

$$设备、人工、材料、机械台班修正费用=原概算指标的设备、人工、材料、机械台班费用+ \\ 换入设备、人工、材料、机械台班数量×拟建地区相应单价-换出设备、人工、材料、 \\ 机械台班数量×原概算指标设备、人工、材料、机械台班单价$$

【例9-2】　某地区拟建一砖混结构商住楼,建筑面积为5 000 m²,结构形式与已建成的某工程相比,只有外墙保温不同,其他部分都相同。类似工程单方概算造价为2 215 元/m²,外墙为珍珠岩保温、水泥抹面,每平方米建筑面积消耗量分别为0.05 m³、0.95 m²,珍珠岩单价为250 元/m³,水泥砂浆抹面为8.5 元/m³;拟建工程外墙为加气混凝土保温,外贴面砖,每平方米消耗量分别为0.1 m³、0.85 m²,加气混凝土单价为175 元/m³,贴面砖单价为47.5 元/m²。试计算拟建工程的概算单方造价指标。

解:

$$修正的概算指标=[2\,215+(0.1×175+0.85×47.5)-(0.05×250+0.95×805)]\,元/m² \\ =2\,252.30\,元/m²$$

📑 复习思考题

1. 简述概算定额的作用。

2. 简述概算定额的编制原则。

3. 简述概算指标及其主要作用。

4. 概算定额的套用有哪些形式?分别应该具备什么条件?

5. 金刚砂地面(厚度2.5 mm)概算定额编制。

(1)涉及的工作内容:清理基层,抹找平层、面层、踢脚线等。

(2)依据工作内容与施工工艺划分,各分项工程在该概算定额项目中的消耗量指标为:

① 20 mm 干混砂浆找平层:0.930 m^2/m^2;

② 2.5mm 厚金刚砂耐磨地坪:0.930 m^2/m^2;

③ 干混砂浆踢脚线:0.120 m^2/m^2。

请参照浙江省 18 预算定额编制概算定额子目的机械台班消耗量。金刚砂地面（厚度 2.5 mm）概算定额编制涉及的预算定额数据见【例 9-1】。

6. 某拟建工程,建筑面积为 3 580 m^2,按图算出的一砖外墙为 2 695.71 m^3、木窗 613.72 m^2。所选定的概算指标中,每 100 m^2 中的一砖半外墙 70.41 m^3、钢窗 15.50 m^2,每 100 m^2 概算造价为 136 384 元,试求调整后每 100 m^2 建筑面积概算造价及拟建工程概算造价。

参考文献

[1] 尹贻林.工程造价计价与控制[M].北京:中国计划出版社,2003.

[2] 钱昆润,戴望贵,沈杰.建筑工程定额与预算[M].南京:东南大学出版社,2002.

[3] 胡德明.建筑工程定额原理与概预算[M].北京:中国建筑工业出版社,1996.

[4] 何辉,吴瑛.工程建设定额原理与实务[M].北京:中国建筑工业出版社,2015.

[5] 中华人民共和国住房和城乡建设部.房屋建筑与装饰工程消耗量定额:TY 01—31—2015[S].北京:中国计划出版社,2015.

[6] 中华人民共和国住房和城乡建设部.建筑安装工程工期定额:TY 01—89—2016[S].北京:中国计划出版社,2016.

[7] 浙江省建设工程造价管理总站.浙江省房屋建筑与装饰工程预算定额(2018版)[S].北京:中国计划出版社,2018.

[8] 本书编制组.《建设工程劳动定额》宣贯材料[M].北京:中国计划出版社,2009.

[9] 人力资源和社会保障部,住房和城乡建设部.建设工程劳动定额——建筑工程:LD/T72.1~11—2008[S].北京:中国计划出版社,2009.

[10] 人力资源和社会保障部,住房和城乡建设部.建设工程劳动定额——装饰工程:LD/T73.1~4—2008[S].北京:中国计划出版社,2009.

[11] 中华人民共和国住房和城乡建设部.建设工程工程量清单计价规范:GB 50500—2013[S].北京:中国计划出版社,2013.

读者意见反馈

为收集对教材的意见建议,进一步完善教材编写并做好服务工作,读者可将对本教材的意见建议通过如下渠道反馈至我社。

咨询电话　400-810-0598

反馈邮箱　gjdzfwb@ pub. hep. cn

通信地址　北京市朝阳区惠新东街 4 号富盛大厦 1 座
　　　　　高等教育出版社总编辑办公室

邮政编码　100029